AF369231

MÉMOIRE

SUR LE

REBOISEMENT

DE LA FRANCE

MÉMOIRE

SUR LE

REBOISEMENT

ET LA CONSERVATION

DES BOIS ET FORÊTS DE LA FRANCE

PAR M. ALLUAUD AINÉ

CHEVALIER DE LA LÉGION-D'HONNEUR

MEMBRE DU CONSEIL GÉNÉRAL DE LA HAUTE-VIENNE, DU CONSEIL

GÉNÉRAL DES MANUFACTURES ET DE PLUSIEURS

SOCIÉTÉS SAVANTES

BIBLIOTHÈQUE ROYALE
I

LIMOGES

IMPRIMERIE DE CHAPOULAUD FRÈRES

1845

ERRATA.

—

Page 29, ligne 8, *au lieu de* malgré les efforts, *lisez* tant d'efforts.

Page 48, ligne 13, après coupe *remplacez* la *virgule* par un *point*.

Page 67, ligne 25, *au lieu de* ne peut l'atteindre s'il, *lisez* que s'il.

MÉMOIRE

SUR

LE REBOISEMENT

ET LA CONSERVATION

DES BOIS ET FORÊTS

DE LA FRANCE.

MESSIEURS,

Parmi les questions que M. le ministre de l'agriculture vient de soumettre aux conseils généraux, et sur lesquelles M. le préfet de ce département sollicite votre avis, il n'en est pas de plus importante que celle du reboisement, dont je vais avoir l'honneur de vous entretenir au nom de votre section d'agriculture.

M. le ministre demande :

1° Quelles dispositions devraient être prises pour favoriser puissamment le reboisement de la France, et principalement celui des terrains en pente et des landes?

2° Par quelles mesures légales pourrait-on assurer la conservation de la propriété forestière contre les abus du maraudage et les dévastations causées par les animaux domestiques?

Ce sont là, Messieurs, de grandes et difficiles questions, des questions qui touchent à la fois aux intérêts

de l'agriculture et de l'industrie, à la puissance de la
marine et du commerce, à toutes les sources de la
richesse nationale, à l'hygiène publique, au bien-être
et à la sécurité d'une partie des habitants de la France.
Sous chacun de ces rapports elles vous paraîtront
dignes de vos méditations et de votre sollicitude.

Elles méritent d'autant plus d'en être l'objet que leur
solution présente des difficultés plus nombreuses.
Quelles que soient en effet les mesures qui seront prescrites en vue de favoriser le reboisement, elles attein-
dront nécessairement des propriétés fort différentes,
des propriétés appartenantes à des particuliers, à des
établissements publics et de bienfaisance, à des communes ou à des sections de communes ; elles toucheront
à des intérêts opposés entre eux, et qu'il semble impossible de concilier, à des usages et à des habitudes
qu'il est peut-être téméraire d'entreprendre de réformer,
à quelques dispositions particulières du droit civil qu'il
est nécessaire de leur sacrifier. De semblables mesures
sont graves ; et, pour les faire adopter, pour prévenir
les résistances que leur application pourrait soulever, il
est indispensable d'en démontrer les avantages, l'utilité, la nécessité, et de bien pénétrer les esprits du
besoin impérieux qui oblige de les prescrire.

En poursuivant cette tâche sans me laisser arrêter
par ces difficultés, j'accomplis un devoir qui m'est imposé comme membre du conseil général de ce département. En vous soumettant le résultat de mon travail je
viens solliciter le bienveillant concours de vos lumières
et de votre expérience, et emprunter à l'autorité de vos
avis tout ce qui peut manquer d'influence et de crédit
à ma parole.

Afin de vous exposer mes vues dans un ordre méthodique, et de vous mettre à même de vous prononcer sur le mérite et l'opportunité de mes propositions, je diviserai ce mémoire en trois parties :

Dans la première j'appellerai d'abord votre attention sur les progrès et sur les causes diverses du déboisement ; je montrerai combien il importe de ne pas laisser accréditer cette pensée que la houille et le fer peuvent être substitués au bois aussi avantageusement en France qu'en Angleterre, et que, dans tous les cas, nous pouvons nous en rapporter aux bons offices de l'étranger pour suppléer à l'insuffisance de nos ressources forestières. Je décrirai ensuite les effets funestes du déboisement, et, après avoir rappelé les efforts de toute espèce qu'on a faits inutilement jusqu'à ce jour pour en arrêter les progrès, je déduirai de leur impuissance la nécessité de recourir à des mesures législatives pour mettre un terme à ses dévastations, et faire réparer les pertes qu'elles ont causées au pays.

Dans la seconde partie je décrirai l'objet du reboisement ; je comparerai nos ressources forestières avec la consommation des bois, et je déterminerai d'après ces évaluations l'étendue des terrains qu'il est nécessaire de boiser, soit pour nous mettre en mesure de pourvoir aux immenses besoins du pays, soit pour nous affranchir des tributs qu'ils nous obligent de payer aux puissances étrangères.

Passant à un autre ordre d'idées, j'examinerai à quelle nature de culture il convient de prendre les terrains qui seront reboisés, et comment on préviendra les inconvénients qu'il y aurait à soustraire ces terrains à d'autres branches d'agriculture, et particulièrement à l'entretien des troupeaux.

Pour évaluer l'accroissement du revenu territorial et

la quotité des bénéfices nets que le reboisement procurera au pays, je balancerai le produit brut et probable
des terrains qui seront reboisés avec le revenu actuel
des mêmes terrains et la dépense présumée à laquelle
donneront lieu les travaux du reboisement.

Examinant à quelles conditions le pays recueillera
les avantages qu'il doit retirer de cette entreprise,
j'indiquerai comment il convient de la répartir entre les
départements, et ce qu'il faudrait faire pour assurer la
distribution la plus économique et le débit le plus profitable des bois qu'il s'agit de créer.

Dans la troisième partie enfin je puiserai dans les
considérations qui se rattachent à l'ensemble des faits
que j'aurai signalés les motifs des mesures légales qu'il
me paraît utile de prescrire pour faciliter le reboisement de la France, en rendre le succès certain, et assurer
la conservation de son territoire forestier.

Tel est le cadre que, dans la limite de mes forces, je
vais essayer de remplir. Malgré l'étendue de ce cadre, je
ne me propose pas d'examiner dans tous leurs détails les
questions ministérielles; je bornerai mes investigations à
l'objet principal de ces questions : *le reboisement et la
conservation des forêts.* Ce sujet est déjà si vaste, les
points de vue sous lesquels il serait utile de le traiter
sont si nombreux, qu'il eût fallu une plume plus habile
que la mienne pour en surmonter toutes les difficultés,
pour réfuter toutes les objections, dissiper tous les
préjugés, calmer les inquiétudes et les alarmes dont les
mesures que je vais proposer seront probablement
l'objet. D'après les idées les plus généralement accré-
ditées, je ne me dissimule pas que, au premier abord,
mes propositions trouveront peu de sympathie dans
l'opinion publique, qu'elles blesseront beaucoup de

susceptibilités, et soulèveront une vive opposition parmi les détenteurs des terrains qu'il est nécessaire de reboiser. Ce serait certainement plus qu'il n'en faut pour me faire renoncer à l'espoir de les voir adopter, et pour me faire abandonner ma tâche, si je ne m'étais proposé que la satisfaction d'un sentiment d'amour-propre personnel. Un mobile plus noble me guide : en vous présentant mes vues avec l'intime conviction qu'elles offrent le seul moyen d'assurer le succès du reboisement de la France, je crois accomplir un acte de patriotisme ; et cette pensée, qui soutiendra jusqu'au bout mes efforts et mon zèle, suffira, Messieurs, pour les justifier à vos yeux.

Voici mon travail : je le livre à votre bienveillante indulgence..... A vous maintenant le soin de l'apprécier dans votre sagesse, et d'y faire les modifications et les changements que vous jugerez nécessaires.

1re PARTIE.

Histoire du déboisement de la France; — ses causes; — ses effets; — insuffisance des moyens employés pour en arrêter le progrès; — nécessité de recourir à de nouvelles mesures législatives.

Sur la fin du xve siècle la France était un des pays les mieux boisés de l'Europe. Elle ne comptait pas moins de 60 millions d'arpents ou 30 millions 632,710 hectares de bois et forêts (1). Vers 1750 le marquis de Mirabeau en évaluait encore la consistance à 30 millions d'arpents

(1) L'ancien arpent des eaux et forêts contenait 1,344 toises carrées, représentant 51 ares 05 centiares et $\frac{4518}{10000}$ de centiare.

(15,316,355 hectares). En 1785 Necker la portait à 22 millions d'arpents (11,231,996 hectares); et, sur cette quantité, Bonvallet-des-Brosses estimait que les futaies et taillis des bois domaniaux étaient compris pour environ 2,621,000 hectares (1). A l'époque de son voyage en France Arthur Young l'estimait au septième de la superficie totale du royaume, qu'il évaluait à 18,817,470 arpents (un peu plus de 9,408,735 hectares). D'après les documents recueillis par le comité des domaines de l'assemblée constituante, les bois du domaine, des communautés et des particuliers ne présentaient plus qu'une superficie de 13,100,690 arpents (environ 6,570,240 hectares) (2). Cette appréciation se rapproche beaucoup de celle que d'Acosta avait faite sur les cartes de l'Observatoire, et, plus tard, elle fut admise par Lavoisier et par Varenne-Fenille.

De nouveaux relevés du sol forestier furent encore faits sous la convention nationale et sous le directoire. Les résultats en sont consignés dans un rapport de Poulain-Grand-Pré au conseil des Cinq-Cents; mais ils diffèrent tellement entre eux, ils présentent des variations si grandes, qu'il est impossible d'en méconnaître l'inexactitude.

Comme la France n'avait pas été cadastrée, toutes ces évaluations reposaient sur des hypothèses plus ou moins

---

(1) Bonvallet divisait ainsi cette évaluation :

Futaies............	1,486,356 arpents	5,242,104.
Taillis............	3,755,748 id.	

(2) Savoir :

Bois domaniaux............	3,338,261	13.100,690.
Bois des comunautés........	2,202,134	
Bois des particuliers........	7.560,295	

exactes ou plus ou moins ingénieuses : aussi quelques économistes ont taxé les premières d'exagération, et reproché aux dernières d'être beaucoup trop faibles. Nous ne prononcerons point entre des opinions que les noms de leurs auteurs recommandent également à la confiance publique. Il nous suffira de constater ce fait, que nous trouvons dans l'exposé des motifs du projet de loi sur les droits d'usage dans les forêts présenté par M. le conseiller d'état de Fermont, que, à l'époque de la révolution, et depuis l'ordonnance de 1669, l'étendue des bois et forêts de la France avait subi une diminution d'environ un tiers.

Arrêtons-nous à cette première période des trois derniers siècles, et cherchons quelles ont été les causes d'une aussi grande diminution des bois.

Au XVe siècle les montagnes de la France étaient encore couvertes de bois. La nature, soumise à des lois providentielles d'une sagesse infinie, semblait avoir pris soin d'en boiser les pentes, comme pour les garantir contre les ravages incessants de l'inclémence des saisons. Ce qu'avait fait la nature, la main imprévoyante de l'homme l'a détruit. Ces hautes régions, ces contrées sauvages qu'environnent d'affreux abîmes, seraient restées long-temps inhabitées si la race maudite des Cagots, qui fut proscrite dans des temps barbares, n'y avait trouvé un sûr asile contre ses ennemis (1). Long-temps après vint le moment où, par l'effet de leur accroissement, des populations nombreuses furent à leur tour refoulées dans les profondes vallées de ces

______

(1) Voir l'*Histoire des Cagots dans les Alpes et les Pyrénées*, par Ramond.

montagnes, et force leur fut, comme à leurs malheureux devanciers, d'y créer leurs moyens d'existence,
de poursuivre de proche en proche la destruction des
bois, d'en labourer le sol, et d'y cultiver les pâturages
nécessaires à l'entretien des troupeaux.

Telle est l'étendue des terrains forestiers que ces défrichements ont rendus impropres à toute espèce de
culture que, dans le seul département des Basses-Alpes,
elle n'a pas moins de 430,600 hectares, plus de la
moitié de la superficie totale de ce département, et que,
dans les Pyrénées, les forêts domaniales, dont la contenance était encore de 250,000 hectares vers la fin du
XVIe siècle, sont réduites aujourd'hui au tiers de cette
quantité.

Ces dévastations ne se sont pas bornées aux versants
des Alpes et des Pyrénées; il est peu de contrées qui
n'en aient éprouvé les funestes effets : l'abus des droits
d'usage, le défaut de bornage et de clôture, un aménagement trop âgé pour la nature de quelques terrains,
ont fait éprouver de grandes pertes aux plus belles forêts
de la France. M. l'ingénier Plinquet rapporte, à ce sujet,
dans son *Traité sur l'aménagement des forêts*, publié à
Orléans en 1789, qu'il résulte de la comparaison de
deux procès-verbaux de réformation des bois faits, le
premier, en 1671, et le second en 1721, que la forêt
d'Orléans, qui avait, à la première époque, 120,000
arpents, était réduite, à la seconde, à 87,727; en sorte
qu'en cinquante ans elle avait perdu plus du quart de sa
superficie.

Si le peu de soins dont les bois étaient alors l'objet a
eu de si déplorables effets pour une forêt située près
d'un fleuve navigable, entre deux grandes villes telles
qu'Orléans et Paris, quel mal immense n'a-t-il pas dû

produire dans les lieux où les bois donnaient moins de revenus que les autres cultures, où, manquant de consommateurs à défaut de moyens de transport, ils restaient sans produit et sans valeur! N'ayant aucun intérêt à les conserver, on les a nécessairement négligés, mal entretenus, mal aménagés, défrichés, ou, ce qui est plus fâcheux encore, entièrement abandonnés, comme dans les montagnes pastorales, au double ravage du temps et des bestiaux.

C'est ainsi, parmi les exemples que nous en pourrions donner, que, tout près de nous, au centre de la France, le grand plateau de Mille-Vaches, dans la Corrèze, que de superbes forêts, des arbres magnifiques ombrageaient autrefois, en a été complétement dépouillé, et que la vaste étendue de pays qu'il occupe ne présente plus que de misérables communaux, de maigres pâturages livrés à l'abroutissement de quelques chétifs troupeaux.

Ces négligences, quelque fâcheux qu'en aient été les résultats, ne doivent point surprendre : d'une part l'abondance des bois était si grande dans ces temps anciens qu'on s'était imaginé ne pouvoir jamais en épuiser la production. D'une autre part les disettes, dont l'importation de la pomme de terre par Parmentier nous a si heureusement délivrés, étaient si fréquentes et si cruelles qu'il était naturel de demander au sol vierge et fertile des forêts les riches moissons que leur culture procurait sans engrais. Défricher les bois, en changer le sol en terres labourables, devint ainsi une sorte de besoin qui excita de tous côtés le zèle religieux des couvents : « Si nous avions, disait M. de Réaumur, en 1721, à l'Académie des sciences ; si nous avions des plans de tous les terrains du royaume, levés de siècle en siècle depuis la fondation de la mo-

narchie , où on eût représenté exactement ce que
chaque terrain produisait, ils nous paraîtraient bien
changés de face : on y verrait les forêts disparaître successivement; on y verrait quantité d'abbayes , établies
au milieu des bois , se trouver ensuite dans des plaines
en bon état de culture ».

L'accroissement de la population, ne discontinuant pas
de devancer les progrès de l'agriculture , fit sentir
long-temps encore le besoin d'augmenter l'étendue des
terres labourables. Aussi , lorsqu'une déclaration du roi
du 13 août 1766 vint encourager les défrichements en vue
de favoriser la culture des céréales, et de prévenir le
retour des disettes, on les vit s'étendre jusque dans les
forêts , sans que l'administration songeât à réprimer cet
abus.

Tandis que tout conspirait ainsi à la destruction des
bois , les droits féodaux , l'organisation du pays , les
redevances seigneuriales , les réserves créées en faveur des concessions féodales, la dîme , ne laissaient pas
aux propriétaires de certains fonds la liberté d'en
disposer selon leurs intérêts. Suivant les anciennes
coutumes d'Anjou, Maine et Poitou , il fallait être au
moins châtelain pour avoir droit de forêts, ou en avoir
joui par une longue possession. Les droits de retrait en
cas de lésion dans les ventes plaçaient aussi les acqué-
reurs dans une position trop long-temps incertaine pour
qu'ils pussent songer à augmenter la valeur de la propriété par des plantations. — Dans les pays de coutume
la propriété dotale foncière ne passait jamais sur la tête
du mari, et, en pays de droit écrit, elle y passait rare-
ment, si bien que l'administrateur de la propriété
n'avait aucun intérêt à l'améliorer. Les usages, les coutumes, la législation, s'opposaient de cette manière à

ce que de nouvelles créations de bois par les particuliers vinssent du moins suppléer à l'épuisement et à la destruction des forêts que , malgré la sagesse de ses dispositions, l'ordonnance de 1669 n'avait pu empêcher.

A ces causes diverses , qui ont fait éprouver de si grandes pertes à notre sol forestier pendant ces derniers siècles, que de causes nouvelles , que de circonstances extraordinaires se sont réunies , depuis la révolution de 1789, pour l'amoindrir encore, et le livrer au gaspillage des spéculations individuelles !

Sans nous arrêter aux douloureux souvenirs des dégâts passagers dont une partie de nos forêts a eu à souffrir durant la guerre de la Vendée et à l'époque des deux invasions des puissances étrangères ; sans rechercher quelle suite fut donnée à ce barbare et sauvage décret de la convention nationale qui ordonnait de brûler les bois de l'ouest et du midi, qui pouvaient servir de retraite aux proscrits, citons d'abord la loi de 1791 , qui , supprimant les dispositions restrictives de l'ordonnance de 1669 sur les défrichements , autorisa les particuliers à jouir et à disposer de leurs bois selon leur convenance , et fit, en quelque sorte, interpréter l'abolition de la féodalité par la destruction des bois.

Reportons ensuite notre attention, Messieurs, reportons-la tout entière sur une cause puissante et nouvelle qui , par son action successive et non interrompue, doit amener, à une époque plus rapprochée qu'on ne pense, et qu'il ne serait pas impossible de préciser, la destruction de la plus grande partie des bois des particuliers , c'est-à-dire de plus de la moitié des forêts de la France. Cette cause , elle consiste dans le partage et la division indéfinie de la propriété.

Ce n'est point, vous le sentez, le principe d'égalité

civile, le principe de justice et d'équité que la loi a consacré que j'entends attaquer. Ce principe, je le respecte, et mon cœur paternel l'adopte sans restriction ! J'examine les effets de ce principe sur la propriété forestière ; je les constate. Nous verrons plus tard les conséquences que nous en devons tirer.

Oui ! la division, le morcellement indéfini du sol forestier, lui font plus de mal que l'abus des droits d'usage ne lui en a fait et ne peut encore lui en faire. Ils rendent impossible toute espèce d'aménagement régulier, tout moyen de repeuplement ; ils frappent le sol de servitude réciproque, de droits de passage incompatibles avec la conservation et la reproduction des bois. Un exemple hypothétique va le démontrer :

La propriété se transmet, en moyenne, tous les vingt ou vingt-cinq ans, soit à titre sucessif, soit à titre de vente directe : supposez que les copartageants de chaque famille soient ordinairement au nombre de quatre, et calculez ce que deviendra une forêt de mille hectares par suite de quatre partages successifs opérés dans l'espace d'un siècle.

Au premier partage, la forêt sera divisée en quatre parties de 250 hectares chacune.

Au second partage, elle sera divisée en seize parties de 62 hectares et demi.

Au troisième partage, le nombre des copartageants sera de soixante-quatre, et chaque parcelle réduite à 15 hectares 655 ares.

Après le quatrième partage enfin, la forêt de mille hectares se trouvera divisée entre deux cent cinquante-six petits propriétaires, possédant chacun une parcelle de 3 hectares 906 ares.

A cette époque, et dès le troisième partage, lorsque

chaque petit propriétaire jouira de sa portion selon ses besoins, sa position de fortune et son caprice; lorsque l'un ne voudra exploiter que du fagotage tous les cinq ou sept ans, celui-ci des taillis de quinze ou vingt ans; que celui-là voudra se ménager des futaies dont l'ombrage empêchera la reproduction des taillis de ses voisins; que d'autres, contrariés dans leurs vues, découragés par ce chaos d'intérêts, abandonneront leur portion au libre parcours de leurs troupeaux, quel aménagement régulier, quel moyen de conservation sera possible? Aucun assurément. Donc le résultat final et forcé du morcellement de la propriété forestière c'est la destruction du bois, le défrichement du sol, qui procure à la petite propriété le revenu annuel dont elle a besoin.

L'hypothèse qui nous a conduit à cette conséquence n'a rien de chimérique. En admettant que la subdivision du sol entre quatre générations dans un siècle soit amoindrie par l'effet des ventes et des successions, qui tend à réunir un grand nombre de parcelles, on doit admettre aussi que l'unique résultat de l'agglomération de ces parcelles serait de retarder de quelques années l'effet de la subdivision indéfinie du sol. Au fond nos calculs n'ont donc rien d'exagéré; ils montrent un danger d'avenir, un danger réel, qui ne devait pas échapper au bon sens des populations intéressées à en prévenir les effets. Ce danger est d'autant plus grand, notez-le bien, que la division des anciennes fortunes, plus grande et plus rapide que la création des fortunes nouvelles, ne permettra point de faire à l'avenir d'aménagement à long terme; qu'elle conduira à convertir successivement les futaies en taillis, les taillis en bois de fagotage, et ceux-ci en landes destinées au parcours des troupeaux. Aussi, Messieurs, tout récemment, au moment que la belle forêt de Montmorency , de 1,388 hectares, qui faisait partie de la riche succession de Mme la baronne de Feuchères, a été mise en vente, dix-huit communes environnantes, justement alarmées des suites que le morcellement et la vente de cette forêt auraient pour elles, ont adressé une humble et respectueuse supplique au roi, tendante à ce que cette forêt fût annexée au domaine de la couronne ou de l'état.

Les circonstances ne le permettaient pas; le droit des héritiers était incontestable : la forêt a été divisée en sept lots, adjugés ensemble pour la somme de 3,026,100 fr. (1); et, dans un siècle, lorsque chacun de ces lots aura subi plusieurs partages, n'est-il pas à craindre que les prévisions des habitants de la vallée de Montmorency ne se soient réalisées, et que leur forêt n'existe plus alors que sur les vieilles cartes de la France, comme un témoin accusateur de notre coupable imprévoyance?

Pour atténuer l'influence désastreuse qu'exerce sur les bois des particuliers une législation qui n'en permet pas l'indivision, et en rend le partage obligatoire, il eût été prudent de ménager avec un soin extrême et d'augmenter le plus possible les forêts de l'état. Des circonstances impérieuses, de tristes nécessités en ont fait décider autrement.

Un décret de l'assemblée nationale autorisa, en 1790, l'aliénation des bois qui n'auraient que 300 arpents d'étendue et au-dessus. Mais la mauvaise foi et la cupidité, disent les auteurs de la Statistique générale de la France, firent adjuger des parties qui dépassaient ce *maximum*

____

(1) 2,180 fr. l'hectare.

de 300 arpents; et, pour rendre impossible la preuve de la malversation, on y porta tout de suite la hache et la charrue.

A l'époque de la restauration, les forêts que la confiscation avait nationalisées, ayant été restituées à leurs anciens propriétaires, furent en partie saisies, expropriées par leurs créanciers; et, de toutes ces forêts ainsi morcelées, les unes ont été défrichées, et les autres ne produisent plus que des menus bois. La forêt d'Aixe, dans cet arrondissement, en est un exemple.

La loi du 27 mars 1817 ordonna la vente de 150,000 hect. de forêts, et, en 1827, cette vente avait été effectuée.

La loi du 25 mars 1831 autorisa également l'aliénation des forêts de l'état jusqu'à concurrence d'une valeur de quatre millions de revenu net; en 1833, 115,000 hect. avaient déjà passé dans les mains des particuliers.

Aujourd'hui, Messieurs, et par suite de ces démembrements successifs des forêts de l'état, leur consistance, que Bonvallet évaluait à plus de 2 millions et demi d'hect., se trouve réduite à 1,027,353 hectares, et, en y comprenant les bois de la couronne, à 1,080,325 hectares.

Et maintenant voulez-vous savoir quelle est la destinée probable des forêts que la loi a soustraites au domaine de l'état? deux exemples, l'un pris au midi, l'autre dans le nord de la France, vont vous l'apprendre.

Dans la commune de Fousseret (Haute-Garonne) la forêt de La Barthe, de 300 hectares de superficie, qui avait été vendue en 1832, est déjà presque entièrement défrichée, et le sera bientôt en totalité.

Dans le département de la Meurthe les défrichements qui ont été faits depuis 1830 ne sont pas de moins de 6,000 hectares, ou, en moyenne, de 500 hectares par année.

Et ce n'est pas seulement sur les forêts que l'état a vendues récemment que la spéculation des défrichements s'est portée, elle s'est étendue avec non moins de force sur les anciens bois des particuliers. En vain le législateur avait voulu les protéger par la défense de ne les défricher qu'après en avoir obtenu l'autorisation du gouvernement : les demandes adressées dans ce but au ministère des finances de 1822 à 1827, époque où le nouveau Code forestier fut présenté aux chambres, se sont élevées à 26,695 ; et bien certainement ce nombre eût été beaucoup plus grand si l'administration des finances n'avait eu la sagesse d'en repousser 17,234.

Supposons que chaque demande d'autorisation ne portât en moyenne que sur une superficie de 10 hect., la totalité de ces demandes ne tendait à rien moins qu'à la destruction en masse de 266,950 hectares de bois. Le ministre en a accueilli 9,461, ce qui, pour une période de six années, a dû causer la destruction de 94,610 hect., soit 15,768 hectares par chaque année.

Nous manquons de documents pour préciser le nombre des demandes qui ont été enregistrées au ministère depuis 1827 : s'il est permis d'en juger d'après les plaintes qui s'élèvent de toutes parts contre le défrichement des bois, ce nombre doit être considérable ; et, quelles qu'aient été les rigueurs de l'administration, il est probable que les bois des particuliers ont continué à décroître dans la même proportion que de 1822 à 1827.

Parmi les causes qui ont eu le plus d'influence sur le défrichement des bois des particuliers nous devons compter encore l'assiette de l'impôt foncier.

Ce n'est pas que cette contribution impose aux forêts assez vastes pour être soumises à des coupes annuelles et régulières une charge plus grande qu'aux autres natures de cultures. Quelque éloigné que soit le retour périodique de chaque coupe partielle, la forêt n'en donne pas moins un revenu annuel au moyen duquel le propriétaire acquitte sa contribution. Mais combien ce fardeau est lourd et gênant quand il s'applique aux bouquets de bois épars dont la superficie est trop restreinte pour qu'ils soient mis en coupes réglées ! combien il devient accablant lorsqu'il s'applique aux futaies et aux réserves aménagées à longs termes !

Dans les cantons les plus favorisés la contribution foncière n'est pas de moins du sixième du revenu. D'après cette base, le propriétaire, avant de réaliser le prix de ses bois, en a payé quatre fois le revenu annuel à l'état lorsqu'il exploite un taillis de vingt-quatre ans, et cinq fois lorsqu'il exploite un taillis de trente. S'il s'agit de futaie, à quatre-vingts ans elle a supporté une charge égale à treize années de son produit; à cent vingt ans, une charge égale à vingt années, et, à cent cinquante ans, une charge égale à vingt-cinq années : charge énorme, toujours croissant avec l'âge du bois, et qui, si l'on tient compte de l'intérêt composé du paiement annuel de la contribution foncière, est doublée, triplée, quadruplée, et enfin portée à un taux si excessif que, pour s'en affranchir, le propriétaire n'a point d'autre moyen que de défricher et mettre en culture le sol vierge et fécond de ses anciens bois.

Vous le voyez, Messieurs, les spéculations de l'intérêt individuel et les besoins de l'état, les malheurs des temps et l'accroissement de la population, les travaux de la paix et de la guerre, les causes les plus différentes et les plus contraires, tout, jusqu'à la législation, semble avoir incessamment conspiré et favorisé la destruction d'une partie des plus belles forêts de la

France ; et , au nombre de celles que nous avons déjà citées , ajoutons les forêts de la Bretagne , qui, jusqu'en 1789 , avaient suffi à l'entretien de la marine et aux besoins de nos grands ports de l'ouest, et qui , dans la courte période de soixante-treize ans , ont perdu la moitié de leur ancienne superficie (1).

Ah! sans doute, quand nos regards s'arrêtent sur les plaines fertiles de la Beauce et de la Picardie, sur l'abondance des productions agricoles que ces contrées fournissent à Paris, nous n'avons pas à regretter la disparition des ombrages d'Ivélina , de cette reine des antiques forêts des Gaules qui couvrait autrefois ces provinces. Là on reconnaît avec bonheur les œuvres de la civilisation et les riches conquêtes d'une agriculture perfectionnée. Mais, lorsque nos regards se portent sur les marais et les bruyères des plaines sableuses de la Sologne, sur les landes crayeuses du Berri, sur les ajoncs et les fougères qui couvrent nos plateaux granitiques, nous cherchons avec tristesse et nous demandons ce que sont devenues les forêts des Marmouthiers et de Villebéon, qui existaient encore en Sologne du temps de Sully..... Nous demandons ce que sont devenues les vastes forêts de Glénon et d'Eugnes en Berri, ce qu'est devenue la belle forêt de L'Espinasse, qui, en 1760,

---

(1) D'après un mémoire remarquable que M. P. Kerarmel a communiqué au congrès agricole de la Bretagne, en 1843, sur l'impérieuse nécessité de reboiser les départements voisins des ports de mer, la superficie des forêts de cette province était :

En 1770, de. . . . . 247,469 hectares.
En 1842 cllle était reduite à. 118,744

Différence en moins pour une période de 73 ans. . . 128,725 avait encore une consistance de 11,000 hectares, et dont l'année 1823 a vu disparaître les derniers restes..... Nous demandons ce que sont devenus les bois de Mille-Vaches qui, par leur ombrage, protégeaient les sources de notre Vienne, et couvraient les cimes mamelonnées et arrondies de nos collines..... Et, à l'aspect de toutes ces contrées dénudées, de ces pays de brandes aussi pauvres et aussi misérables que leurs malheureux habitants, nous ne reconnaissons plus que les œuvres du vandalisme et d'une barbare ignorance.

Voilà, Messieurs, quelques-uns des tristes effets du déboisement de la France. C'est assurément une grande perte pour son agriculture que celle de plusieurs millions d'hectares de forêts que la charrue n'a pas même défrichées, et dont le sol, envahi par des plantes rustiques et sauvages, ne fournit plus qu'une mauvaise pâture à l'abroutissement des bestiaux. Mais cette perte n'a pas été moins grande pour l'industrie, vous l'allez voir, lorsque la destruction des bois a forcé les possesseurs d'usines considérables de les déplacer en consommant la ruine des cantons dont elles avaient fait longtemps la richesse.

Dans le procès-verbal de réformation des bois du pays de Foix fait en 1667 par M. de Froidure, il est constaté que les bois de ce pays y alimentaient quarante-quatre grandes forges à la catalane et huit martinets; et, lorsque M. le baron de Diétrich a donné la description des mines et minières des Pyrénées en 1786, la plus grande partie de ces usines ne marchait déjà plus à cause de la disette du bois. Aujourd'hui, et suivant M. Dralet, dont le nom est si honorablement connu dans les Pyrénées, ces forges sont entièrement détruites. Quatre-vingts subsistent encore sur le reste de la ligne de ces montagnes; mais toutes, à raison de la rareté et du prix excessif du bois, subissent un chômage forcé pendant la moitié de l'année.

Ainsi, dans nos seuls départements du midi, la disette des bois a causé la perte de plusieurs millions de capitaux, qui y avaient été employés à la création de quarante-quatre grandes forges; et aujourd'hui dix mille ouvriers, qui animent les travaux de celles qui existent encore, sont déjà sans ouvrage, sans occupation pendant la moitié de l'année.

De pareils faits n'ont pas besoin de commentaires..... Ils nous dispensent de porter plus loin ce genre d'investigation, qui trouverait mieux sa place dans une statistique industrielle; mais, on doit le comprendre, combien d'entreprises diverses voient leur existence compromise, sont condamnées à languir, ou ont déjà succombé par suite de l'épuisement des bois qui leur servaient d'aliment! Ne nous le dissimulons pas, Messieurs, ces périls sont imminents; ils menacent tous les arts : ceux des usines, des fabriques, des manufactures les plus considérables, comme ceux des plus humbles ateliers de nos artisans.

Ecoutez ce que, dans l'accès d'une sainte colère, disait à ce sujet, le célèbre potier de Saintes, Bernard Palissy, justement effrayé pour l'avenir de cette fièvre de défrichement des bois qui, de son temps, s'était déjà emparée des esprits : « Malédiction et malheur à toute » la France! parce que, après que tous les bois seront » coupés, il faut que tous les arts cessent, et que les » artisans s'en aillent paistre l'herbe comme fit Nabucho- » donosor. J'ai voulu mettre par estat les arts qui » cesseroyent alors qu'il n'y auroit plus de bois; mais, » quand j'en eus escrit un grand nombre, je ne sceus

» jamais trouver la fin à mon escrit ; et, ayant tout
» considéré, je trouvay qu'il n'y en avoit pas un seul
» qui se peust exercer sans bois ».

Ce qui était vrai, il y a près de trois siècles, sous les
règnes de Charles IX ou d'Henri III, ne le serait-il plus
aujourd'hui, alors que nos ressources forestières ont diminué de moitié, que la population et les besoins du pays ont
doublé ! Se pourrait-il, comme on l'a dit, que la consommation du bois ne soit plus qu'une consommation de luxe?
que l'emploi de la houille puisse être substitué à tous
les usages du bois, en même temps que le fer le rempla-
cerait aussi dans les constructions de toutes espèces?

Messieurs, je respecte toutes les opinions, je n'en
voudrais blesser aucune; mais, je ne puis m'empêcher de
le remarquer, des objections si extraordinaires ne
mériteraient pas une réfutation sérieuse si nous ne
vivions pas dans un siècle de discussion et de controverse
où il a suffi tant de fois d'une légère insinuation hasar-
dée dans un intérêt occulte pour faire ajourner ou
avorter l'exécution des meilleurs projets.

En repoussant de vaines illusions ce n'est pas que je
méconnaisse les services que les combustibles fossiles
ont déjà rendus aux arts, et que je ne n'accorde aucun
crédit à ceux qu'ils peuvent leur rendre encore. Après
les prodiges de la vapeur, de l'éclairage au gaz, de
l'électrotypie, du daguerréotype et de toutes les découvertes dont nous venons d'être les témoins, il serait
difficile de prévoir quelles découvertes nouvelles sont
réservées aux sciences, quelles applications nouvelles
elles apprendront à faire de la houille. Mais, alors qu'on
entreverrait la possibilité de la faire substituer entièrement au bois, est-ce que ce sont de vagues espérances
qui doivent empêcher d'étendre la culture de ce

combustible dans la proportion des besoins du pays?
Ne sait-on pas que les bassins houillers n'existent que
dans quelques natures particulières de terrains, aussi
peu étendus qu'inégalement répartis sur notre territoire?
ne sait-on pas que leurs produits, quoique fort considérables, ne sont cependant pas absolument inépuisables,
qu'ils ne se reproduisent pas, ne peuvent même pas
parvenir dans toutes les localités qui pourraient en faire
emploi, *tandis que le bois vient partout, se reproduit
partout, et peut remplacer la houille dans tous ses usages?*

On voudrait nous distraire de la disette des bois en nous
montrant nos bassins houillers... On ne songe donc pas
que, malgré l'activité qu'on a donnée à leur exploitation,
leur produit suffit à peine aux deux tiers des besoins de
la France, et que, en 1841, sur une consommation de
50 millions de quintaux métriques, l'étranger nous en
a fourni 16,191,594 quintaux, représentant une valeur
de 24,287,391 francs (1)? On ne songe pas que, dans
l'hypothèse de la substitution entière de ce combustible au
bois, la consommation en serait élevée à une quantité
qu'il serait difficile de préciser, et que, pour satisfaire
l'un des premiers besoins de l'existence, on se livrerait
entièrement à la merci et à la discrétion de l'étranger,
ce que la prudence ne conseille certainement pas.

« Laissez faire, laissez agir l'intérêt privé, disent les
partisans de l'ancienne école économique : l'intérêt privé
ne fera défricher les bois qu'autant que cela lui sera
avantageux, et ce qui lui sera avantageux le sera

---

(1) En 1842 il a été importé 15,552,671 quintaux métriques de
houille, représentant une valeur officielle de 23,329,008 francs ; de
plus les bâtiments de l'état ont reçu de l'étranger et consommé à
bord 656,605 quintaux métriques de houille.

également à la France. Que si elle manque de bois, l'é-tranger lui en fournira en échange d'autres productions. »

Messieurs, je ne partage point ces opinions. Au lieu de prendre l'intérêt privé pour arbitre de l'intérêt public, je prendrais bien plutôt l'intérêt public pour arbitre des intérêts privés, car c'est aussi dans cet intérêt que se résume la plus grande masse des intérêts particuliers. S'il en était autrement, à quoi serviraient toutes ces dispositions législatives qui restreignent la jouissance et la libre disposition de la propriété en les assujettissant à des règles sans lesquelles cependant tout serait ruine et confusion autour de nous?

Si la terre était le patrimoine de tous; si chacun était contraint de cultiver tout ce qui est nécessaire à son existence, chose qui, moralement et physiquement, est impossible, je comprendrais la doctrine du laissez-faire; car, si des fautes étaient commises, chacun ne serait victime que des siennes; les fautes, les erreurs, n'auraient que des dangers purement individuels, et les leçons de l'exemple et de l'expérience suffiraient pour en empêcher la contagion. Mais, grâce à Dieu! tel n'est pas notre état social. Les bois ne seront, malgré la division indéfinie de la propriété, que le patrimoine d'un petit nombre de propriétaires. La plus grande masse de la population n'en possède pas et n'en possédera jamais. Or il y a un grand intérêt public à lui en procurer, à satisfaire ce premier besoin. Et, comme l'intérêt privé est nécessairement égoïste et aveugle par sa nature, ce n'est point d'après cet intérêt, mais d'après l'intérêt public, que la question du reboisement doit être examinée.

Si nous manquons de bois, l'étranger nous en fournira... Soit : admettons l'impossible! admettons qu'il ne

résulterait aucune perte pour l'état d'être obligé,
comme l'a dit Buffon, « d'avoir recours à ses voisins, et
de tirer de chez eux, à grands frais, ce que nos soins
et quelque légère économie peuvent nous procurer »;
admettons que notre agriculture ait intérêt à poursuivre et à achever la destruction des bois; admettons
que l'échange de productions plus lucratives contre les
bois de l'étranger soit favorable à notre commerce; admettons qu'aucun conflit, qu'aucune guerre ne
suspendra jamais le cours de ces échanges, que nos
approvisionnements n'éprouveront aucun retard, que
nos fournisseurs n'abuseront jamais de notre position, et
qu'ils ne spéculeront pas sur nos besoins. Mais est-ce
tout? n'aurons-nous pas à courir d'autres dangers? est-
on certain que les ressources de nos voisins suffiront à
nos énormes consommations? ne se pourrait-il pas que,
encouragé par notre exemple, l'étranger ne crût convenable de faire ce que nous aurions fait nous-mêmes?
Quoi! le pays de l'ancien monde le mieux boisé à l'é-
poque de l'invasion romaine, le pays dont le climat et le
sol sont les plus propres à la culture des bois, la Gaule
enfin aurait eu intérêt à les détruire, à les défricher, et
l'on ne craindrait pas que d'autres peuples, d'autres
nations dont le territoire est moins favorable à la production des bois, eussent aussi, un jour, intérêt à nous
imiter? Prenons garde, Messieurs : ce n'est pas seulement en France qu'on se plaint de la destruction des
bois. La fièvre de la spéculation des défrichements est
contagieuse; elle existe ailleurs que dans notre pays; et,
quand une nation est une fois entrée dans cette voie
funeste, on sait avec quelle rapidité marchent les conquêtes de la charrue. Deux siècles se sont à peine
écoulés depuis que les premiers Européens ont pénétré

et se sont établis dans les forêts vierges de l'Amérique du nord. La pioche et l'incendie les ont détruites et livrées à la culture autour des grandes villes qui s'y sont élevées comme par enchantement; et maintenant, après moins de deux siècles, le bois est aussi rare, aussi cher à Philadelphie, à New-Yorck, à Boston, qu'à Paris. Après un tel exemple, serait-il sage de compter sur les ressources de l'étranger pour pourvoir à l'un de nos premiers besoins?

Si nous n'avons plus de bois ouvrable,...... nous aurons du fer... —Messieurs, nous croirons à cette substitution, non pas tant qu'on se sera borné à nous montrer des vaisseaux, une cathédrale ou un palais de ce métal : avec de l'argent et du génie on fait des prodiges; nous croirons à cette substitution quand de pauvres bordiers seront mis en position de changer les misérables chaumières qui leur ont coûté tant de peine à construire contre une cabane de fer plus confortable, et quand nos cultivateurs auront reçu une chaussure de ce métal aussi économique, aussi légère et aussi chaude que le sont leurs sabots (1).

(1) Vingt-cinq millions de Français portent des sabots. Un laboureur en use au moins deux paires par an : la consommation serait ainsi de 50,000,000. En moyenne on peut estimer que quatre décimètres cubes de bois brut sont nécessaires à la confection d'une paire de sabots. La confection des sabots consommerait donc 200 millions de décimètres cubes, faisant 200,000 stères. Un hectare de futaie de quarante ans produira environ 200 stères. 1,000 hectares aménagés à cet âge ne produisent donc que la consommation annuelle du bois employé à la fabrication des sabots, ce qui porte à 40,000 au moins la superficie totale des forêts nécessaires à l'entretien de la chaussure des cultivateurs et des ouvriers.

Messieurs, n'accordons pas à ces espérances plus de crédit qu'elles n'en méritent. Nous le devons d'autant moins que le déboisement de la France n'est pas seulement une cause de perte dans la valeur foncière et dans le revenu d'une partie du territoire, une cause de privations et de souffrances pour les classes les plus nombreuses de la société, un sujet d'inquiétude pour l'avenir de l'industrie et de la marine ; le déboisement est encore, à raison de l'influence qu'il a sur le climat de la France, un grave sujet de méditations et de craintes.

Suivant un grand nombre de savants, ces influences se manifestent tantôt par l'insalubrité de l'air des cantons déboisés, et que les arbres ont cessé de purifier, tantôt par la disparition de sources que de frais ombrages entretenaient autrefois, et tantôt par la violence des orages chargés de grêle, ou par les rigueurs des climats extrêmes, qui viennent, par intervalle, sous la zóne tempérée de la France, troubler le cours naturel des saisons.

Peut-être se sont-ils exagéré ces influences ; peut-être leur attribuent-ils plus de mal qu'elles n'en ont fait..... Ce qui est hors de doute, ce que nul ne conteste, ce sont les ravages des avalanches dans les hautes vallées déboisées ; c'est le ravinement et l'affouillement des terrains en pente par l'écoulement torrentiel des eaux pluviales, dont les arbres épars ne divisent, ne suspendent et n'arrêtent plus le cours ; c'est l'entraînement de la terre végétale, l'ensablement du fond des vallées, l'envahissement des alluvions sur des sols en culture ; c'est enfin l'exhaussement du lit des rivières, leur débordement et les inondations qui en sont la suite, et dont les vallées du Rhône, de la Saône et de la

Basse-Loire nous ont révélé, depuis quelques années, les fréquents et épouvantables désastres.

Et maintenant, quand la pensée s'arrête sur les effets désastreux du déboisement; sur nos montagnes dénudées comme aux premiers jours de leur soulèvement ; sur l'immense étendue des terrains qu'il a délaissés sans culture et sans produits ; sur les ruines de l'industrie qu'il a causées là où ses entreprises prospères avaient long-temps répandu l'abondance ; sur les contrées, complétement desséchées en été, où les hommes et les animaux sont obligés d'aller chercher à plusieurs lieues de distance l'eau qui leur est nécessaire pour étancher leur soif; quand elle s'arrête sur les populations que la fièvre dévore sous l'influence d'un climat insalubre ; sur les cantons entiers de la Bretagne, où l'on est réduit à cuire les aliments avec la fiente desséchée des bestiaux (1), et enfin sur les souffrances que la disette et le haut prix du bois imposent aux classes pauvres ; sur l'immoralité du maraudage auquel la nécessité les contraint de se livrer, conçoit-on que le déboisement de la France ait paru, aux yeux de quelques personnes, n'avoir aucune influence fàcheuse sur la prospérité et sur la moralité publique ; qu'on n'ait vu, dans cette multitude de malheurs, que des inconvénients locaux qui n'atteignaient que des intérêts privés ; qu'enfin ce ne soit qu'au bruit des inondations, des affreux sinistres qui, depuis quelques années, ont tant de fois porté la

(1) M. Duchatelier a dit au congrès de l'Association bretonne de 1843 : « Dans la commune de St-Pol (Finistère) le bois n'est plus connu; c'est à la mer, aux plantes marines qu'elle rejette, ou aux excréments des animaux, que les malheureux habitants de cette commune sont obligés de recourir pour se chauffer. »

désolation et la ruine dans quelques-unes de nos contrées les plus fertiles et les plus peuplées, qu'à la vue des sacrifices répétés que la législature était obligée d'imposer au pays, non pour réparer des pertes irréparables, mais seulement pour en adoucir la rigueur ; que l'on ait enfin reconnu la nécessité de songer sérieusement aux moyens de se garantir contre le retour de semblables désastres ?

Messieurs, qu'on fasse sans hésitation tout ce qu'il est nécessaire de faire pour en prévenir le retour; que l'on profite de l'émotion générale des esprits pour n'y rien épargner ; mais que le pays ne borne point là sa sollicitude : qu'il recherche aussi les moyens de réparer les maux incalculables que la disette des bois lui cause.

Simples usufruitiers des richesses forestières que nos prédécesseurs nous avaient transmises, nous les avons vu dilapider malgré les avertissements, les conseils, les instructions qu'on nous a donnés depuis Bernard Palissy jusqu'à nos jours. — Dépositaires infidèles des ressources que nous devions à notre tour transmettre à nos neveux, nous les avons laissé dévorer, malgré la sagesse des réglements qu'un grand ministre, que Colbert nous avait légués. — Les écrits de Buffon, de Duhamel, de Varennes-de-Fenille, de Perthuis, de François de Neufchâteau, de Bigot-de-Morogues et d'une foule de savants cultivateurs, parmi lesquels nous ne pouvons oublier feu notre compatriote et notre ancien confrère M. Juge-de-St-Martin, n'ont pu ralentir les progrès de ces dévastations sacriléges. — Les distributions gratuites de graines d'arbres qui se font, chaque année, par les soins du ministre de l'agriculture; les encouragements des sociétés savantes ; les récompenses d'un grand prix offertes par la Société royale et centrale d'agriculture de

Paris et par la Société d'encouragement pour l'industrie nationale, n'ont eu d'autre effet, vous le savez par votre propre expérience, que de faire entreprendre , de loin en loin , quelques travaux de reboisement dignes d'éloges à tous égards , mais beaucoup trop restreints, beaucoup trop peu importants pour réparer le mal immense auquel on se propose de remédier.

Aussi, malgré les efforts généreux, les progrès du déboisement ne se sont point ralentis , et ont été toujours incomparablement plus grands que ceux des plantations.

C'est, Messieurs, que la croissance des arbres est aussi lente que la vie de l'homme est courte et rapide; c'est, comme le disait M. Juge, que « le plus ordinairement l'homme n'entre en possession d'un héritage que dans un âge trop avancé pour qu'il songe à faire des plantations dont il n'espère pas jouir » ; c'est que, par suite de la diminution et du partage des fortunes, l'amour de la propriété et le bonheur de l'embellir et de l'améliorer s'affaiblissent dans le cœur des pères qu'agite la pénible pensée que leur héritage passera forcément en des mains étrangères ; c'est que les primes, les médailles, les récompenses honorifiques que décernent les sociétés d'agriculture et le gouvernement n'ont eu et ne doivent avoir aucune influence sur les spéculations des défrichements que l'intérêt privé trouve, hélas! l'occasion de faire trop souvent avec un avantage incontestable.

Des encouragements, de quelque nature qu'ils soient, et alors qu'ils recevraient une plus grande importance et une meilleure direction, ne suffiraient pas, l'expérience le prouve, pour faire augmenter la culture des bois, et procurer à notre sol forestier la consistance qu'il devrait avoir pour être mis en rapport avec les besoins du pays.

Ce n'est pas que nous entendions repousser ces encouragements : nous les considérons comme essentiellement propres à seconder l'action des mesures légales qui seront prescrites en vue de favoriser le reboisement ; mais c'est principalement sur ces mesures que nous fondons l'espoir d'en assurer le succès.

M. le ministre de l'agriculture consulte le pays à ce sujet : que le pays réponde à son appel ; que chacun, secondant ses vues bienveillantes, lui offre le tribut de ses études et de son expérience ; que les Société d'agriculture et les comices, que les conseils d'arrondissement et les conseils généraux de département, que tous les organes légaux de chaque contrée lui soient en aide, et, n'en doutez pas, Messieurs, les questions du reboisement trouveront une solution satisfaisante dans le concours patriotique de leurs lumières.

Poursuivons donc notre tâche avec persévérance ; et, si, comme l'a dit Sonnini, « nous ne pouvons sauver notre âge de la flétrissure qu'il a encourue en portant la dilapidation et les ravages dans la propriété de nos neveux, nous lui épargnerons au moins le reproche de n'avoir pas cherché à réparer des fautes qui ne pourront lui être pardonnées qu'à ce prix. »

2ᵉ PARTIE.

Objet du reboisement ; — ressources forestières de la France ; — leur insuffisance ; — quantité dont il est nécessaire de les augmenter ; — terrains qu'il convient de boiser ; — considérations sur ce sujet ; — influence du reboisement sur les progrès de l'agriculture ; — dépenses et produits du reboisement ; — ses bénéfices ; — distribution des entreprises de reboisement entre les départements ; — nécessité d'améliorer le régime des cours d'eaux flottables et navigables.

Lorsqu'on se propose de régler les dispositions qu'il est nécessaire de prendre pour assurer le succès d'une entreprise, on commence par en bien apprécier l'objet et l'importance. Avant de nous occuper des mesures qu'il est utile de prescrire dans l'intérêt du reboisement de la France, il est également essentiel d'en bien préciser l'objet, et de déterminer l'extension qu'il convient de lui donner.

Il n'est pas question, on le comprend, de rétablir les forêts du monde primitif ou de l'ancienne Gaule ; il s'agit tout simplement, et cette tâche est assez grande, de remédier aux nombreux inconvénients qui résultent d'un déboisement trop considérable ; il s'agit de rétablir l'équilibre entre le produit des bois et les besoins de la consommation ; de faire qu'il y ait du bois pour tout le monde, pour le pauvre comme pour le riche, et à un prix accessible à toutes les fortunes ; il s'agit de rétablir la salutaire influence que, à raison de leur bonne distribution géographique, les bois exerçaient autrefois sur la salubrité de l'air et sur le climat de la France ; il s'agit enfin de raffermir le sol des terrains en pente, de le défendre, par une culture intelligente du bois, contre les ravages des avalanches et des pluies torrentielles, de ralentir, d'arrêter les progrès des alluvions, d'empêcher l'encombrement du lit des rivières, et de prévenir ainsi les débordements et les sinistres qui en sont la suite. Tel est l'objet du reboisement de la France : voyons d'abord quelle est l'extension qu'il est nécessaire de lui donner.

D'après la statistique agricole de la France publiée, en 1842, par ordre de M. le ministre de l'agriculture, la superficie des bois et forêts est de 8,699,685 hectares (1), ou de 5,437 lieues carrées de 4 kilomètres de côté. En divisant cette superficie entre 33,000,000 de population, on trouve que chaque lieue carrée doit fournir le bois nécessaire à la consommation de 6,069 habitants, tandis que l'Allemagne n'en compte pas plus de 2,000 par chaque lieue carrée de ses bois.

(1) Nous avons vu (page 6) que la superficie des forêts du domaine, des communautés et des particuliers avait été évaluée par le comité des domaines de l'assemblée constituante à 6,570,240 hectares. La statistique de 1842, l'élevant à 8,699,685 hectares, tendrait à prouver, contre la notoriété non contestée du déboisement, que la consistance des forêts, au lieu d'avoir diminué, se serait accrue de 2,000,000 d'hectares. Cette contradiction est facile à expliquer : elle résulte d'abord de ce que les évaluations du comité de l'assemblée constituante, ayant été faites sur les cartes de Cassini, étaient nécessairement arbitraires, attendu que les forêts peu étendues n'avaient pas pu y être indiquées, et que les limites de celles qui y ont trouvé place n'ont pas été tracées ; elle résulte ensuite de ce que des considérations politiques qu'il est inutile d'examiner ici ont très-probablement fait dissimuler l'importance des relevés extraits de ces cartes. Ces causes d'erreur ne se sont pas produites dans la rédaction de la statistique de 1842 : dressée sur les relevés du cadastre parcellaire, elle a réuni à la consistance du sol forestier tous les petits bouquets de bois disséminés dans les campagnes, et sur lesquels le comité de l'assemblée constituante n'avait aucun document.

Jusqu'à ce jour aucun document officiel n'a fait connaître quelle est l'étendue des forêts aménagées en futaie, et quelle est celle des bois aménagés en taillis de différents âges. Il y a plus de trente ans que Bosc évaluait aux sept dixièmes de la consommation totale l'emploi des bois qu'on fait en France, soit pour le chauffage, soit pour la cuisson des aliments, soit pour les usines et manufactures à feu, telles que les forges, les verreries et les faïenceries. Si l'on considère les progrès que l'industrie a faits depuis cette époque, on reconnaîtra qu'on ne peut lui attribuer une part de moins de deux dixièmes dans la consommation totale. Cinq dixièmes, ou la moitié de la consommation générale, seraient donc employés dans les constructions civiles et maritimes, ou affectés aux besoins de l'industrie. L'autre moitié fournirait le combustible nécessaire au chauffage et aux usages domestiques d'une population de 33,000,000 d'individus.

On admet généralement que chaque famille se compose, en moyenne, de quatre personnes. La population de la France se partage donc entre 8,250,000 familles.

La superficie des bois et forêts réservés pour leurs besoins étant de $\frac{8699685}{2}$ hect., ou de 4,349,842 hect., offre ainsi à chacune une ressource de 0,5272 dix millièmes d'hectares, ou 52 ares et 72 milliares. Dans la Statistique agricole de la France le produit annuel de l'hectare des bois et forêts des particuliers est porté à 3 stères et 98 centistères. Ce produit nous semble trop faible; et, comme nous ne voudrions pas être soupçonné d'atténuer nos ressources forestières pour en démontrer l'insuffisance, nous supposerons que l'hectare de bois rend, en moyenne, un produit annuel de 5 stères. D'après cette base, la réserve de chaque famille étant de 0,5272 dix millièmes d'hectares donnerait chaque année un produit de 2 stères et 63 centistères. A ce compte, la ressource quotidienne d'une famille est de 263⁄365 ou de 0,0072, un peu plus de sept décimètres cubes, équivalents à une bûche d'environ neuf centimètres de diamètre sur un mètre de longueur.

Une bûche par jour pour le chauffage, pour la cuisson des aliments, pour tous les besoins d'une famille composée de quatre personnes, c'est assurément une bien faible ressource. Mais, lorsqu'on a distrait de cette moyenne de la consommation générale l'énorme consommation des établissements publics, le chauffage des ateliers, celui des familles assez riches pour entretenir plusieurs feux pendant l'hiver, que reste-t-il, grand Dieu ! pour l'usage des familles peu aisées et pour celui des pauvres ouvriers des villes et des campagnes ? Il reste à celles qui peuvent les payer des copeaux, du fagotage, de la tourbe et de la houille ; au plus grand nombre, les bois morts qu'elles vont ramasser dans les haies, dans les châtaigneraies et les taillis, et dont une nécessité cruelle, en les démoralisant, leur a appris le moyen d'augmenter à volonté la quantité. A toutes enfin il reste des souffrances et des privations dont la charité publique ne réussit pas toujours à adoucir la rigueur.

Non ! ce n'est point la moyenne de la consommation générale par chaque famille qui devrait être d'une bûche, mais bien la consommation ordinaire des familles les plus pauvres. C'est là une amélioration nécessaire et urgente, une amélioration réclamée par un quart de la population de la France, et qu'il serait inhumain de lui refuser. Hâtons-nous donc, Messieurs ; car, pour la lui procurer, il ne faut pas augmenter de moins d'un quart l'étendue des bois affectés au chauffage, c'est-à-dire de moins de 1,087,460 hectares (1).

Le bois de chauffage n'est pas le seul qui manque au pays : d'autres besoins non moins urgents et non moins impérieux sollicitent aussi une plus grande extension de la culture des bois ; l'agrandissement des villes , les bâtiments ruraux qui s'élèvent dans les campagnes, l'activité du cabotage et des relations commerciales d'outre-mer , les développements de la navigation intérieure, la construction des chemins de fer, qui sont aussi de grands consommateurs de bois, tous ces progrès rapides sont autant de causes nouvelles de l'accroissement de la consommation des bois ouvrés : et, si l'on ne veut point courir le risque d'en épuiser les ressources, si l'on veut se mettre en mesure de pourvoir à leur insuffisance , n'est-il pas nécessaire d'augmenter aussi d'un quart l'étendue des forêts aménagées en futaie. Nous en avons évalué la superficie aux 3 dixièmes de la totalité des bois et forêts de toutes espèces : cette superficie est de 2,609,904 hectares. C'est donc de 652,476 hectares qu'il conviendrait d'accroître les futaies de la France : au moyen de ces créations nouvelles nos bois seraient augmentés de 1,739,936 hectares, et les forêts seraient portées de 8,699,685 hectares à 10,439,621 hectares.

Et, remarquez-le, Messieurs : ces évaluations ne portent pas sur des besoins qui ne se manifesteront que

(1) Nous avons admis que le quart de la population, ou 8,250,000 individus, formant 2,062,500 familles, manquaient presque entièrement de bois. La production annuelle de 1,087,460 hectares de bois que nous proposons de créer sera de 5,437,300 stères. Divisant cette quantité entre 2,062,500 familles, la part annuelle de chacune sera de 2 stères et 63 centistères.

dans un avenir plus ou moins éloigné, et dont il serait difficile de prévoir l'étendue : elles portent uniquement sur les besoins actuels, sur l'insuffisance notoire de nos ressources, qui déjà nous oblige de recourir à l'étranger.

Si nous consultons à ce sujet les tableaux du commerce général de la France avec les puissances étrangères pendant l'année 1842, nous y verrons qu'elle a reçu et fait entrer dans sa consommation (commerce spécial) pour la somme énorme de 45,325,000 fr. de bois de toutes espèces, bois à brûler, bois de construction, bois de marine, bois feuillards, merrains, et autres sortes qu'il serait trop long d'énumérer ici. Or quelle est la superficie des bois qu'il faudrait créer sur notre territoire pour nous affranchir du tribut que nous sommes maintenant réduits à payer aux puissances étrangères?

Ne trouvant point de documents assez complets dans les tableaux du commerce pour cuber les différentes espèces de bois qui y sont mentionnées, et déduire de leur quantité la consistance des forêts nécessaires à sa production, nous allons essayer de la déterminer par une autre voie, qui, quoique moins directe, n'en est pas moins digne de confiance.

La valeur des bois importés est de 45,325,000 francs. C'est beaucoup assurément que d'en estimer les frais d'exploitation et de transport au tiers de leur valeur totale. Mais, nous le répétons : nous préférons nous exposer au reproche de trop atténuer nos évaluations plutôt que d'encourir celui de les exagérer en faveur d'une idée préconçue. Si donc de 45,325,000 fr. nous retranchons le tiers de cette somme, ou 15,108,333 fr., il reste pour une somme de 30,216,667 francs de bois dont la valeur, ainsi réduite, est égale à celle que ces mêmes bois branlants, ou sur pied, seraient estimés dans les forêts de l'état.

Ce premier point admis, il est facile d'en conclure la superficie des forêts que cette valeur représente.

Dans le cours des dix années comprises entre 1831 et 1840 l'état a vendu les coupes de 238,301 hectares de forêts d'un âge de quarante-six ans en commune (1). Ces ventes ont été faites, futaies comprises, au prix moyen de 778 fr. 31 c. l'hectare. Par conséquent, si nous divisons par cette somme celle de 30,216,667 francs, valeur des bois en forêt que nous avons reçus de l'étranger, nous trouverons que cette valeur exige le produit de 38,838 hectares aménagés à l'âge de quarante-six ans. Multipliant donc cette quantité par 46, nous avons pour produit 1,786,548 hectares dont il faudrait augmenter l'étendue de nos forêts pour mettre la France en mesure de se suffire à elle-même. Ce résultat est trop rapproché de celui de 1,739,936 hect., que nous avons précédemment obtenu, pour qu'on puisse ne point lui attribuer toute l'exactitude à laquelle il est possible de prétendre dans de semblables calculs.

Après avoir fixé l'extension que, d'après les besoins de la France, il est devenu nécessaire de donner au reboisement de son territoire, voyons sur quelle nature de culture il convient de prendre le terrain que cette grande entreprise exige. Ce n'est point sur le sol des anciens bois que la charrue a défriché : ce sol est en général d'un prix trop élevé. Nous proposons de le prendre sur ceux qui donnent le moins de revenu, qui

(1) Cette indication a été prise dans le *Moniteur des eaux et forêts.*

ont le moins de valeur, sur les landes et les bruyères, qui occupent en France de si grands espaces.

La prospérité agricole d'un pays dépend, en grande partie, d'une bonne proportion entre ses différentes natures de cultures. C'est là un principe qui ne peut être contesté. Dans son état actuel le sol de la France peut être divisé en trois grandes classes. La première comprend les cultures de toutes sortes avec les prairies naturelles et artificielles ; la deuxième, les bois et forêts ; la troisième, les landes, bruyères, pâtis et jachères.

D'après la Statistique de l'agriculture publiée en 1842, la superficie de la France continentale est de 51,893,873 hectares (1). Si nous supposons abstractivement que la superficie soit de 100,

Celle des prairies et des cultures diverses sera de. 50,797

Celle des bois et forêts, de. 16,763

Celle des landes, bruyères et jachères, de. 28,305

Le surplus du territoire, comprenant les rivières, les lacs, les étangs, les routes, tous les emplacements occupés par les voies publiques et les propriétés bâties, sera de. 4,135

{ 100

(1) 1re CLASSE. — Cultures diverses. . . 19, 826, 176

Jardins, vergers. . . 759, 601

Prairies naturelles. . 4, 197, 630

Prairies artificielles 1, 575, 481 } 26, 358, 888

2e CLASSE. — Bois et forêts. 8, 699, 685   8, 699, 685

3e CLASSE — Landes, pâtis et bruyères 7, 974, 877

Jachères. . . . . 6, 713, 045 } 14, 687, 922

4e CLASSE. — Routes, rivières, etc. . 2, 147, 378   2, 147, 378

Total du domaine agricole. 51, 893, 873

Les bois et forêts, vous le voyez, n'occupent qu'un peu moins des 17/100 du territoire, tandis que les landes et bruyères en occupent un peu plus des 28/100, ou onze centièmes de plus que les bois. Certes ce n'est point là une bonne proportion entre ces deux natures de cultures : celle des bois est évidemment trop faible. Les bois ont plus de valeur que les landes. Le pays manque de bois. Il a une trop grande étendue de landes et bruyères, une étendue plus nuisible qu'utile à l'ensemble d'un bon système d'agriculture : c'est donc sur les landes et les bruyères qu'il convient de prendre le terrain nécessaire au reboisement de la France.

En augmentant d'un cinquième l'étendue de ses bois et forêts, leur consistance, qui est aujourd'hui, d'un peu moins des 17/100 de la superficie totale du territoire, sera portée à un peu plus du cinquième de cette superficie, plus exactement à 20,115/100. Les landes et bruyères seront réduits des 28,305/100 aux 24,953/100, ou, en d'autres termes, l'étendue des bois et forêts sera augmentée de 1,739,937 hectares, et élevée de 8,699,685 à 10,439,622 hectares, quantité égale à peu près à celle que nous avons reconnue déjà être nécessaire aux besoins actuels du pays. La superficie des landes, qui occupe aujourd'hui 14,687,922 hectares, sera réduite à 12,947,985 hectares, et dépassera encore celle des forêts de 2,508,363 hectares.

Cet accroissement du sol forestier, d'une part, et cette diminution des landes et des bruyères, de l'autre, causeront-ils quelque préjudice aux autres branches de notre économie rurale, et particulièrement à l'entretien et à la multiplication des troupeaux?

Ne nous le dissimulons pas, Messieurs, la diminution des landes et bruyères froissera momentanément les usages, les coutumes d'une partie des populations agricoles; elle rompra l'équilibre qui s'est établi dans l'emploi des forces productives dont elles disposent ; elle opérera, dans notre système d'agriculture pastorale, une sorte de révolution dont nous ne voulons ni atténuer ni exagérer les conséquences.

La création spontanée des pâturages qui, dans les montagnes, a succédé à la destruction d'une partie des forêts, a donné la facilité d'y entretenir, pendant la belle saison, des troupeaux trop nombreux pour qu'on puisse les y conserver pendant l'hiver. Dans les plaines cultivées c'est l'inverse : on possède d'abondants fourrages pour l'hivernage, et l'on manque de pâturages pour la belle saison. Si, dans ces positions différentes, chacun s'en était tenu à ses ressources particulières, les troupeaux de toutes espèces seraient moins nombreux et moins considérables. En les faisant *transhumer*, en faisant profiter les troupeaux des plaines de la surabondance des pâturages dont la montagne dispose en été, et en faisant redescendre, en hiver, les troupeaux dans la plaine, on les a placés dans la position la plus favorable à leur développement. Les races, assure-t-on, se sont fortifiées, améliorées, et le nombre des troupeaux s'est accru.

Si maintenant on reboise les pâtis des montagnes, si l'on en interdit l'accès aux troupeaux, on blessera tout à la fois les intérêts des propriétaires du sol et des propriétaires des troupeaux *transhumants*. Les propriétaires du sol retrouveront tôt ou tard dans la création et le revenu des bois un prix plus élevé que celui qu'ils retirent de la location de leurs pâturages; mais les propriétaires des troupeaux *transhumants* seront obligés de réduire le nombre de leurs troupeaux sans recevoir aucun dédommagement, aucune compensation de la perte que cette réduction leur aura fait éprouver.

Il est aussi beaucoup de localités où le libre parcours des communaux procure à la petite propriété l'avantage d'entretenir quelques têtes de bétail. Le reboisement de ces communes la privera de cette ressource. Le nombre des troupeaux sera ainsi diminué; on fera moins d'engrais ; et, tandis que la masse des bois augmentera, d'autres branches de l'agriculture souffriront de ce changement.

Ce seraient là, Messieurs, des difficultés sérieuses, de graves sujets de résistance, qui nous sembleraient insurmontables si les travaux du reboisement, marchant trop rapidement, devaient s'effectuer en quelques années. Mais, nous le prouverons bientôt, la grandeur même de l'entreprise doit dissiper cette crainte. La force des choses, aussi bien que la prudence, ne permet d'y procéder qu'avec mesure et ménagement. En y mettant du temps, de la persévérance, on substituera progressivement des intérêts nouveaux aux intérêts anciens, et l'on atteindra le but sans causer de perturbation sensible dans les habitudes agricoles du pays.

Quelle que soit en effet la célérité avec laquelle on veuille effectuer le reboisement, il ne faudra pas moins d'un demi-siècle pour l'accomplir. En boisant chaque année 34,780 hectares, cinquante ans sont nécessaires pour en boiser 1,739,936 ; et, comme les semis parvenus à l'age de 25 ans peuvent à la rigueur cesser d'être en défends ; comme les troupeaux peuvent y être introduits successivement, la superficie totale du parcours qui leur sera soustrait ne sera en définitive que de la moitié du territoire réservé au reboisement :

et, cette soustraction s'opérant par fractionnement d'un cinquantième, qui portera tout à la fois sur un grand nombre de départements, elle se bornera à froisser momentanément quelques intérêts privés, sans blesser en rien les intérêts généraux de l'agriculture.

Bien loin de nuire à ses progrès et à la multiplication des troupeaux en particulier, le reboisement leur sera, un peu plus tôt ou un peu plus tard, nécessairement favorable : l'usage de faire pâturer les landes ne s'est introduit que dans les situations qui ne permettaient pas d'en tirer un meilleur produit. Le transport des troupeaux de la plaine dans la montagne, et de la montagne dans la plaine, n'est pas rigoureusement utile à leur bon état d'entretien. Dans toutes les contrées de l'Europe il est des troupeaux sédentaires qui se font remarquer par les qualités les plus distinguées qui caractérisent les différentes races. L'engrais des troupeaux pendant leur voyage et leur séjour dans la montagne est entièrement perdu pour l'agriculture, tandis que celui des troupeaux sédentaires lui est appliqué de la manière la plus utile.

A quoi se réduisent donc les difficultés que, dans l'intérêt des troupeaux, on oppose au reboisement ? Elles se réduisent à leur procurer un supplément de nourriture suffisant pour remplacer les landes et pâtis qui seront reboisés. Eh bien ! ce supplément de nourriture se trouvera aisément dans une plus grande extension des prairies artificielles. Le reboisement de la France laisse 12,947,985 hectares de landes, bruyères, jachères disponibles. Les jachères seules sont comprises dans cette quantité pour 6,713,045 hectares. L'amélioration la plus importante qu'on puisse faire en agriculture consiste précisément à supprimer les jachères, à faire entrer les terrains qu'elles occupent dans un système régulier de culture alterne dont les prairies artificielles font essentiellement partie. Un hectare de prairie en bon rapport produira quatre fois plus de ressources alimentaires qu'un hectare de lande ne peut en fournir. Le reboisement ne privera les troupeaux que du parcours de la moitié du terrain qui sera reboisé, ou de 869,968 hectares de landes, et, pour les remplacer avantageusement, il suffira de créer, pendant l'exécution de la première moitié des travaux du reboisement, 217,492 hectares de prairies artificielles, ou 8,698 hect. par an.

Nul doute que cette amélioration ne puisse s'obtenir sans difficulté. Les prairies artificielles n'existaient, il y a trente ans, que dans les départements de la France les plus fertiles, et ne s'élevaient pas à plus d'un million d'hectares. Aujourd'hui la superficie de ces prairies est de 1,575,481 hectares : elle s'est donc accrue chaque année de plus de 19,000 hectares; et, comme un état de guerre pourrait seul empêcher qu'elle ne s'accrût encore pendant long-temps dans la même proportion, le passé doit rassurer sur l'avenir, et dissiper les inquiétudes que le reboisement pourrait inspirer au sujet de la multiplication des troupeaux. Tandis qu'ils conserveront dans les montagnes la zône des pâturages située entre l'horizon des neiges perpétuelles et l'horizon où les grands arbres cessent de végéter, les prairies artificielles se multiplieront de plus en plus dans les plaines; elles s'y multiplieront, parce que ces prairies, comme le disait Chaptal, sont la base de l'agriculture; que par elles on a les fourrages, par les fourrages on a les bestiaux, et par les bestiaux on a des engrais, des labours et tous les moyens d'une bonne culture.

Aux inconvénients inévitables, mais passagers, que le reboisement aura pour quelques intérêts, nous opposerons enfin les immenses avantages qu'il procurera au pays. Le plus grand obstacle aux progrès de l'agriculture est le manque de capitaux et de crédit. Le plus grand service qu'on puisse lui rendre, le meilleur encouragement qu'on puisse lui donner, consiste à lui procurer ces deux moyens d'action, et tel sera précisément le résultat du reboisement.

Les contrées qui possèdent le plus de landes et de bruyères sont les plus arriérées en agriculture et les plus pauvres. Le revenu moyen de l'hectare de landes ne peut être estimé à plus de 10 francs. Celui de l'hectare de bois âgé de quarante-six ans ne peut l'être à moins de 17 francs (d'après le prix de vente des bois de l'état à raison de 778 francs l'hectare). En reboisant les landes on accroîtra leur produit annuel de 7 francs, ce qui, pour 1,739,935 hectares, fait une augmentation de revenu de 12,179,545 francs, représentant, à 3 pour cent, un accroissement de capital foncier de 405,984,833 francs.

Ce résultat serait peu considérable. Nous le produisons pour rester fidèle au système de modération que, dans tous nos calculs, nous avons suivi jusqu'à présent. Mais au fond serait-il juste de comparer le produit des bois nouveaux qu'on aura soigneusement cultivés avec le produit des anciennes forêts dégradées? N'est-ce pas une chose notoire que, avec un aménagement approprié à la nature du sol et à l'essence des bois qu'il produit, ce n'est pas à la modique somme de 17 francs que se borne le revenu de l'hectare? Que l'on consulte sur ce point la Statistique agricole de la France! on y verra que le revenu annuel des bois de la couronne y est porté à

52 fr. 75 c. ; celui des bois de l'état, à 31 fr. 40 c. ;
celui des bois des communes et des particuliers, à 23 fr.
55 c. ; et, s'il m'était permis de prendre pour base de
mes calculs le résultat de ma propre expérience, d'assez
grand commateur de bois, je ne pourrais évaluer au-
dessous de 35 à 40 fr. le produit de l'hectare de l'âge de
trente ans, futaie comprise. Au taux moyen de 35 fr.
le revenu de l'hectare de landes serait alors augmenté
de 25 fr., et celui de 1,739,935 hectares serait ainsi
élevé à 43,498,375 fr., et représenterait, à 3 pour cent,
non pas un modique accroissement de valeur foncière
de près de 406 millions, mais celui de l'énorme somme
de 1,449,945,833 fr. (1).

Avec cette ressource nouvelle l'agriculture sera en
position d'entreprendre et de poursuivre avec confiance
les améliorations qu'il ne lui a pas été possible de faire
jusqu'à ce jour, et le pays sera affranchi du tribut de
45 millions qu'il paie maintenant à l'étranger pour suppléer à l'insuffisance de la production de ses bois.

Les dépenses, les sacrifices qu'il sera nécessaire de
faire pour que les travaux du reboisement s'accomplis-
sent sans entraves ne sont ni au-dessus des ressources
du pays, ni au-dessus des bénéfices que cette entreprise
doit lui procurer.

Ces dépenses ont pour objet les frais de clôture, de
défrichement et d'ensemencement. Elles varient suivant

(1) Cette évaluation doit être très-rapprochée de la vérité. D'après le
tableau général des propriétés de l'état tout récemment distribué aux
chambres, les forêts de l'état y sont comprises pour la somme de
729 millions; ce qui porte le prix moyen de l'hectare à 709 fr. A ce
prix 1,739,935 hectares de landes boisées auraient une valeur de
1,233,615,333 fr.

la nature, la configuration du sol et la méthode de culture que la situation des lieux oblige de suivre.

Les plantations, on le sait, coûtent beaucoup plus cher que les semis : en comptant les frais de remplacement des arbres qui périssent successivement pendant les cinq ou six premières années d'une plantation, chaque pied d'arbre revient à 25 centimes.

Si l'on plante un arbre par quatre mètres carrés pour taillis, l'hectare contiendra 2,500 arbres, dont la plantation reviendra à 625 francs.

Si l'on plante un arbre par 10 mètres carrés, l'hectare en contiendra 1,000, dont les frais de plantation seront de 250 francs.

Si l'on plante une futaie à raison d'un arbre tous les 15 mètres carrés, l'hectare en contiendra 666, dont le prix de revient sera de 166 fr.

En général, plus les arbres sont forts, plus ils sont sujets à manquer, et plus la dépense de la plantation est considérable.

Quand le terrain est accessible à la charrue, il est plus économique de labourer le sol, et de planter avec cet instrument de jeunes plants de deux ou trois ans. Le succès de la plantation est certain, et la dépense ne s'élève pas à plus de 140 fr. l'hectare.

Mais, de toutes les méthodes de reboisement, la plus simple, la plus sûre, la plus profitable et la plus économique c'est celle des semis en place. A trente ans le chêne d'un semis est aussi fort ou plus fort qu'un chêne planté ne l'est à quarante; sans compter les huit ou dix années de pépinière dans laquelle il a été élevé.

Les dépenses des semis sont également très-variables.

D'un rapport fait à la Société royale et centrale d'agriculture de Paris, dans sa séance du 21 avril 1841, il résulte que M. de Behaque, membre du conseil général de l'agriculture, a boisé 850 hectares de landes et de friches en bois résineux et d'autres essences au prix de 35 fr. l'hectare.

Dans son *Traité de la culture du chêne,* publié en 1788, M. Juge-de-St-Martin, à qui l'arrondissement de Limoges doit la création de bois considérables, estime que les deux récoltes abondantes de blé qu'il a fait produire aux landes qu'il a défrichées par l'incinération ou brûlis lui ont rendu, en grains ou en paille, plus que ses frais de défrichement, de récolte, de clôture, et d'achat de glands, avec l'intérêt de sa mise de fonds ; de façon que ses friches ont été semées en bois sans qu'il lui en ait rien coûté que ses soins.

Tous les planteurs ne sont ni aussi instruits ni aussi actifs que l'était M. Juge-de-St-Martin : ils peuvent se trouver dans des circonstances moins favorables au reboisement ; et, comme je veux éviter toute incertitude sur les résultats des calculs que je vais présenter, j'évaluerai les frais de reboisement au prix moyen de 50 fr. l'hectare.

A ce prix le défrichement de 1,739,935 hectares coûtera la somme de 86,996,750 fr. ; et, dans la supposition que cette dépense se fera en cinquante années, elle se bornera à une avance annuelle de 1,739,935 fr. Tel est le déboursé que le pays doit faire pour enrichir son territoire d'un revenu qui, suivant nos évaluations les plus probables, doit s'élever à la somme de 43,498,375 fr.

Ce résultat devrait dissiper tous les doutes qu'on pourrait élever sur les avantages que le pays trouvera dans les entreprises de reboisement : cependant, comme il serait possible qu'on lui opposât des calculs plus rigoureux, et comme nous ne voulons pas nous exposer au reproche de cacher la vérité dans des chiffres groupés avec art, nous irons au devant de cette objection en soumettant à leur épreuve ce premier résultat de nos évaluations.

Dans les calculs qui précèdent nous n'avons point tenu compte de deux choses importantes : de l'intérêt composé de la dépense du défrichement jusqu'à l'époque de la première coupe du bois et du revenu capitalisé du produit des landes avec l'intérêt de l'intérêt de ce revenu pendant le temps écoulé depuis la prise de possession du terrain jusqu'à l'époque de la première coupe. La croissance des arbres, quoique progressive, n'a cependant aucun rapport constant avec la progression rapide de l'intérêt composé. Par conséquent le revenu des bois, comparé à la dépense ainsi calculée, présentera un bénéfice moins considérable qu'en ne tenant aucun compte de l'intérêt composé.

Pour simplifier ces nouveaux calculs, et en rendre les résultats plus palpables, nous les bornerons au reboisement d'une année dont nous supposerons que la coupe du premier produit serait fixée à vingt-cinq ans.

Les propriétés foncières donnent en général un revenu moyen de 3 à 4 pour cent de leur valeur vénale. C'est aussi à ces taux que nous allons calculer l'intérêt des premières dépenses du reboisement annuel de 34,798 hectares. Ces dépenses se composent, savoir :

	à 4 pour %;	à 3 pour %.
Avec l'intérêt		
Frais de défrichement et d'ensemencement à 50 fr. l'hectare.....	1,739,900 fr.	1,739,900 fr.
Intérêt composé de ce capital pendant vingt-cinq ans...............	2,898,390	1,903,100
Revenu annuel de 34,798 hectares de landes à raison de 10 fr. l'hectare, s'élevant à 347,980 fr. capitalisés pendant vingt-cinq ans avec l'intérêt de l'intérêt.............	14,492,000	12,687,100
Totaux.........	19,130,290	16,330,100
Telle est la dépense : voyons quel en sera le produit : si nous le calculons sur le modique revenu de 17 f. par hectare, à vingt-cinq ans il représentera une valeur de : $34,798 \times 17 \times 25 =$.........	14,789,150	14,789,150
D'où, sur la 1re coupe, une perte de	4,341,140	1,540,950
Dès la 2e coupe on évitera les frais de défrichement, qui, avec l'intérêt composé de cette dépense, montent à..................	4,638,290	3,643,000
Et alors, la dépense étant réduite au revenu du sol capitalisé pendant vingt-cinq ans, la production du bois présentera un bénéfice de...	297,150	2,102,050

L'excédant du produit de la deuxième coupe sur le revenu du sol capitalisé avec l'intérêt composé à 4 pour cent, ne s'élevant qu'à la somme de 297,150 fr., ne suffit pas pour couvrir l'intérêt de la perte éprouvée sur la première coupe. Cet intérêt pour une somme de 4,341,140 fr. est de 173,645 fr. 60 c. Le bénéfice de la deuxième coupe, divisé par 25, ne laisse, pour chaque année, qu'un dividende de 11,886 fr., lequel, étant distrait de la première somme, donne pour différence une perte annuelle de 161,759 fr. 60 c.

Ainsi, dans la position exceptionnelle où les bois ne rendraient qu'un produit de 17 fr. par hectare, et où le planteur voudrait retirer de ses fonds un intérêt de 4 p. %, en boisant des landes d'un revenu de 10 fr. l'hectare, ce planteur s'engagerait dans une fausse entreprise. Mais, si, dans la même position, il se contente d'un revenu de 3 pour %, le succès de son entreprise est certain.

C'est qu'alors la perte éprouvée sur la première coupe se trouve réduite à 1,540,950 fr., dont l'intérêt annuel à 3 pour % est de 46,228 fr. 50 c. — Le bénéfice des coupes suivantes étant de 2,102,050 fr. divisés par 25, laisse annuellement un dividende de 84,082 fr., qui excède de 37,853 fr. 50 c. l'intérêt annuel du capital perdu sur la première coupe. — Tout médiocre que paraîtra ce résultat, il ne laisse pas que d'être satisfaisant, puisque, dans la condition la plus fâcheuse où un planteur puisse se trouver, celle où l'hectare de bois ne rendrait qu'un produit de 17 fr., il est prouvé que ce faible revenu suffit pour le couvrir de toutes ses dépenses, y compris l'intérêt composé du capital qu'elles représentent.

Voici au surplus une remarque importante : dans les positions les plus fréquentes les jeunes bois fourniront une ressource dont il est juste de tenir compte, car elle couvrira toutes les chances de perte, et procurera un bénéfice considérable : nous voulons parler du produit des semis âgés de huit à vingt-cinq ans. Un semis contient ordinairement dix fois plus de plants que le terrain qu'il occupe ne pourrait conserver de pieds d'arbres. De huit à quatorze ans on extraira de chaque hectare de semis plusieurs milliers de plants dont la vente, en ne la portant qu'à 1 fr. le cent, donnerait un revenu annuel deux fois plus considérable que celui de l'hectare de landes. Plus tard, de quatorze à vingt-cinq ans, au moyen d'éclaircis faits avec intelligence, le même bois produira en fagotage un revenu encore plus considérable. Ce n'est donc pas pendant vingt-cinq ans que nous aurions dû capitaliser le revenu des landes avec l'intérêt composé de ce revenu, mais seulement pendant les huit ou dix premières années ; et cependant, si nous réduisons de moitié le prix de la location des landes, chaque reboisement annuel rapportera, dans les positions les moins favorables, un bénéfice net de six à sept millions.

Ce serait toutefois nous montrer trop peu soigneux de la cause du reboisement que de nous en tenir à ces premières évaluations. Nous avons déjà prouvé que le revenu d'un bois nouveau, et convenablement aménagé, ne devait pas donner un produit de moins de 35 fr. l'hectare. A ce taux le produit de chaque reboisement annuel sera de la somme de......... 30,448,250 fr.
En déduisant la dépense à 4 p. %, soit 19,130,290

la première coupe donne un bénéfice de 11,317,960
celui des coupes suivantes est accru de   4,638,290

et alors le bénéfice s'élève à......... 15,956,250

Si nous déduisons du même produit les dépenses grevées de l'intérêt composé à 3 pour %, nous trouverons sur la première coupe un bénéfice de 14,118,150 fr., et de 17,761,150 fr. sur les coupes suivantes.

Mais, dans cinquante ans, lorsque l'entreprise du reboisement sera terminée, au lieu de recueillir le produit d'un aménagement de vingt-cinq ans, on disposera d'un produit double, et alors le revenu territorial de la

France se trouvera augmenté d'une valeur nette de 30 à 35 millions de francs, déduction faite de tous les frais grevés d'un intérêt composé de 3 ou 4 pour %.

Quelque fastidieux que soient ces calculs, nous avons cru qu'il était utile de les présenter, tant sont différentes les circonstances, les situations dans lesquelles les entreprises de reboisement seront poursuivies. Nous l'avons cru utile afin de prouver que, dans les positions les moins favorables, ces entreprises sont encore plus profitables, plus lucratives que ne le sont la plupart des spéculations agricoles ou industrielles.

Quel que soit donc le planteur qui soit appelé à concourir au reboisement de la France, que ce planteur s'appelle état, couronne, commune, particulier, association de particuliers ou de bienfaisance, il est assuré de recueillir un bénéfice immense du reboisement, bénéfice qui suffirait seul pour en motiver l'entreprise, alors que le besoin, la nécessité ne contraindrait pas le pays à le favoriser par tous les moyens dont il dispose.

Pour que le reboisement remplisse complétement le but qu'on veut atteindre, il ne suffirait pas de lui donner une étendue proportionnée aux besoins : il faut que les terrains qu'on se proposera de boiser soient distribués entre les départements de telle sorte que chaque reboisement partiel puisse concourir à procurer les avantages généraux que le pays doit en retirer, et que les terrains soient placés dans certaines conditions qu'il importe de préciser.

Les bois et forêts, nous l'avons vu, n'occupent qu'un peu moins des 17/100 ou, plus exactement, que les 16,769/100 de la superficie de la France. Nous avons proposé d'en augmenter l'étendue de 3,24/100 afin de la porter au cinquième du territoire. La répartition la plus simple et la plus équitable de cet accroissement serait d'augmenter dans la même proportion le sol des forêts de chaque département. Cette répartition aurait l'avantage de ne rien changer au rapport qui existe de département à département, entre la consistance des bois et l'étendue du domaine agricole de chacun. Mais, à côté de cet avantage fort douteux, serait le grave inconvénient de créer le plus de bois dans les départements qui sont précisément les mieux boisés, et qui par conséquent souffrent le moins de leur rareté.

Ainsi, tandisque, dans le nord oriental de la France, les bois occupent à peu près le quart de la superficie des départements de cette région, et qu'ils n'en occupent que le sixième dans les départements du midi oriental, moins du sixième dans ceux du midi occidental, et un peu plus du huitième seulement dans les départements du nord occidental, les bois du nord oriental, dont l'étendue est déjà au-dessus de la limite du cinquième du territoire, limite à laquelle le reboisement général serait borné, seraient augmentés encore, alors que, dans le nord occidental, l'étendue des bois après le reboisement resterait de 1/20 au-dessous de la même limite.

Adopter une base de répartition qui conduirait à un résultat si fâcheux ce serait oublier l'objet du reboisement; ce serait méconnaître les intérêts de la salubrité publique, la nécessité de reboiser les montagnes, et se mettre dans l'impossibilité de reboiser chaque région dans la proportion de ses besoins.

Voici d'ailleurs une considération qui oblige d'abandonner cette base de répartition : c'est qu'elle est inapplicable aux départements où les landes et les bruyères n'ont point assez d'étendue pour en augmenter les bois d'un cinquième. Tel est, par exemple, le département de Tarn-et-Garonne, qui compte 51,415 hectares de bois, dont le cinquième est 10,283, et dans lequel il n'existe que 7,786 hectares de landes.

J'ai cherché dans d'autres combinaisons une base de répartition générale du reboisement qui se pût concilier avec les exigences de cette entreprise susceptibles d'en assurer le succès, et, dans l'impossibilité d'y réussir, j'ai acquis la conviction que ce ne serait que par une appréciation exacte des ressources et des besoins de chaque département qu'on surmonterait cette difficulté, et que, dans cette position, il n'y avait rien de mieux à faire que de confier la distribution du reboisement à la sagesse de la haute administration.

Cela est d'autant plus nécessaire que le reboisement d'un département ne peut être ordonné que dans le cas où il possédera une étendue de landes agglomérées suffisante pour qu'une partie soit employée au reboisement, et une autre réservée pour la pâture des troupeaux et l'entretien des litières.

L'agglomération des landes est une condition du succès du reboisement : elle rendra la clôture des bois plus économique; elle permettra de donner aux travaux une meilleure direction; elle en rendra la surveillance plus efficace; et plus tard elle facilitera la garde et la conservation des bois. Reboiser les landes de peu d'étendue et éparpillées dans chaque département ce serait se jeter dans tous les inconvénients que le morcellement des bois oppose à leur bon entretien, et s'exposer à soulever, chez les propriétaires, une résistance qu'on ne surmonterait pas aisément.

Les landes éparses disséminées parmi les prairies et les terres cultivées sont d'ailleurs celles qui sont les plus rapprochées des habitations. et celles que par conséquent il convient de réserver pour le pâturage des troupeaux et pour l'entretien des litières.

Cette réserve est nécessaire dans les contrées où l'on élève beaucoup de bestiaux. Elle est nécessaire parce qu'on y cultive peu de blé, et que, à défaut de paille, c'est des landes et des bruyères qu'on tire la fougère, l'ajonc épineux, l'ajonc marin, qu'on emploie à la litière des troupeaux. Il serait inutile toutefois de lui donner une grande étendue : pourvu qu'elle soit du dixième de la surface des prairies et des terres arables de la contrée, nous estimons qu'elle suffira à tous les besoins.

Après une bonne répartition géographique des travaux du reboisement, ce qui importe le plus à leur succès c'est d'assurer la vente des bois en créant, partout où ils manquent, les moyens de les transporter avec économie.

C'est parce que les bois n'avaient aucune valeur dans les montagnes, ne l'oublions pas, qu'ils ont été livrés à l'abroutissement des bestiaux. En refaisant le passé, comme le disait M. Surel dans ses *Études sur les torrents des Alpes*, en couvrant de bois les terrains en pente, il faut songer à leur ouvrir un débouché. Ce débouché existe. Les populations agglomérées des villes, leur active industrie, les besoins d'une existence plus confortable, nous l'avons prouvé de reste, sollicitent de toutes parts des ressources plus abondantes et plus économiques de combustible. Ce n'est donc point la consommation qui manque au bois, ce sont les moyens de transport.

Ils manquent! et la nature, toujours aussi prévoyante que sage, nous les prodigue de tous côtés.... Elle nous les montre dans les torrents qui sillonnent et ravinent les vallées, et dont il suffirait de captiver les eaux pour les faire servir au transport des bois, au moyen des flottages à bûches perdues, depuis les hautes vallées des montagnes jusqu'au confluent des rivières dont leurs eaux sont tributaires.

Ces moyens de transport, que quelques travaux intelligents peuvent procurer, que presque partout on pourrait utiliser avec un peu d'art, on les néglige, on les oublie, et pendant ce temps les cours d'eau s'ensablent, les alluvions les encombrent, et les flottaisons deviennent de plus en plus pénibles, de plus en plus onéreuses aux lieux même où elles s'effectuaient, il n'y a pas un demi-siècle, avec le plus d'économie et de facilité.

C'est qu'alors, à défaut du concours de l'état, il existait des corporations de marchands de bois dont les syndicats entretenaient avec soin le libre cours des ruisseaux et des rivières flottables. Aujourd'hui les corporations sont supprimées; les intérêts individuels sont isolés, aucun lien ne les unit, la législation les sépare; et l'état, cette puissante corporation qui, sous le nom de centralisation, les réunit tous, les représente tous, ne donne aucun soin à l'entretien des cours d'eau flottables; elles les abandonne comme si ces voies de transport n'étaient pas aussi nécessaires et aussi utiles à l'agriculture qui produit les bois, et aux villes qui les consomment, que les routes et les chemins de grande communication.

Par suite de cet inconcevable abandon, les approvisionnements des villes sont incertains, irréguliers, et le prix du bois augmente partout, non-seulement à cause de sa rareté, mais surtout à cause des obstacles que l'état de nos rivières oppose aux flottaisons, et à cause des sinistres qui en résultent.

En reboisant la France que le gouvernement reporte
donc sa sollicitude et son intérêt sur les cours d'eau;
qu'il améliore le régime de ceux qui en ont besoin;
qu'il rende flottables ceux qui sont susceptibles de l'être;
qu'il canalise les rivières qui manquent au réseau d'ensemble de la navigation intérieure; qu'il les relie par
des canaux à point de partage; et dès lors la vente et
le transport du bois seront rendus faciles; les progrès
du reboisement suivront ceux des travaux de canalisation et de navigation. De bienfaisants ombrages succéderont aux tristes bruyères qui déparent les montagnes
et révèlent la misère de leurs habitants. Le propriétaire,
assuré du débit avantageux de ses bois, appliquera ses
soins à défricher ses landes et à les boiser. Il y consacrera ses économies; il en fera sa caisse d'épargnes,
caisse éminemment reproductive, où ses successeurs
trouveront de génération en génération la dot de leurs
enfants sans jamais en épuiser le capital.

Alors aussi, Messieurs, une salutaire concurrence
animera le commerce des bois, et, descendant le cours
de nos fleuves et de nos rivières, ira en modérer et
niveler les prix dans toutes les parties de la France.

3ᵉ PARTIE.

Dans tous les temps les bois ont été l'objet d'une protection spéciale : chez les peuples de l'antiquité ils étaient consacrés aux nombreuses divinités que la superstition avait rendues l'objet de leur culte. La vénération dont ils étaient entourés les protégeait. Nul n'en approchait sans une sainte horreur, et ne pouvait y cueillir un rameau sans se rendre coupable de sacrilége. La religion veillait ainsi à leur conservation, comme si une inspiration providentielle lui eût révélé que les bois étaient nécessaires à la formation de l'humus qui devait un jour fertiliser la terre.

Quand les chênes ne rendirent plus d'oracles, quand les bois cessèrent d'être sacrés, le législateur, obligé de les défendre contre des dévastations insensées, les plaça sous la puissante sauve-garde des lois. La propriété des bois ne fut donc jamais entièrement libre : elle fut constamment assujettie à des règles particulières qui furent tour à tour modifiées, étendues ou restreintes, suivant les besoins de chaque époque.

Pour rétablir le sol forestier de la France, et en assurer la conservation, nous n'aurons pas besoin de recourir aux codes barbares du paganisme : quelques mesures législatives, plus judicieuses que sévères, suffisent à cette tâche. Nous n'oublierons pas toutefois que le temps des essais est passé; que les progrès du déboisement sont trop effrayants, et leurs conséquences trop désastreuses, pour qu'on s'en tienne à des dispositions dont le résultat serait incertain. Nous ne perdrons pas de vue que des besoins impérieux nous pressent, et que, pour les satisfaire, le moment est venu d'agir sans temporisation et avec certitude de succès.

Les mesures que nous proposons en cette vue reposent sur trois grands principes :

L'indivision des forêts;

La faculté d'exproprier les terrains que l'utilité publique oblige de reboiser;

L'association.

Ces mesures sont graves, car c'est chose sérieuse que de toucher aux dispositions d'un code que le temps, les coutumes, la jurisprudence et la sagesse du législateur ont également consacré : aussi n'est-ce qu'après beaucoup d'hésitations, qu'après nous être bien convaincu que, si ces mesures blessaient des préjugés dont nous respectons le principe, elles ne froisseraient aucun intérêt privé; que, si elles semblaient hardies, elles ne pouvaient être remplacées par des moyens plus efficaces, plus doux et plus équitables, que, écartant nos scrupules, nous nous sommes décidé à les présenter.

Avant de vous entretenir des dispositions qu'il sera nécessaire de prescrire pour assurer une juste application des principes de l'indivision et de l'expropriation, il est utile d'en mesurer la portée, d'en étudier les avantages, et de réfuter les objections qu'on leur oppose.

Le respect de la propriété, la faculté d'en disposer d'en user et abuser chacun selon son gré, ce devoir et ce droit n'ont pas été consacrés dans l'unique intérêt de celui qui possède, mais aussi dans l'intérêt de la société, comme un sûr moyen de favoriser les progrès de l'agriculture, l'accroissement de la richesse publique, de fortifier et resserrer tous les liens sociaux. Le droit de propriété n'est donc pas un droit purement naturel. La société l'a fondé dans son intérêt : c'est dans cet intérêt qu'elle en protége l'exercice, mais avec cette réserve expresse, et clairement exprimée par l'article 9 de la Charte, que, dans le cas où ce droit lui serait préjudiciable, et où le sacrifice en serait nécessaire, la loi pourrait l'ordonner *moyennant une juste et préalable indemnité.*

En demandant l'application des principes de l'indivision et de la faculté d'expropriation au reboisement et à la conservation des bois, ce n'est donc point un droit nouveau que nous proposons d'attribuer à l'état au préjudice des propriétaires. Ce droit existe : il s'agit seulement d'en faire deux applications nouvelles; et ces applications, il importe de le remarquer, ne frapperont qu'une nature de propriété : celle des bois, qui, nous venons de le dire, n'a été jamais entièrement libre.

Aujourd'hui les bois et forêts sont soumis au droit commun qui régit le domaine agricole. Le droit commun, article 815 du Code civil, c'est le partage, la division de la propriété entre ses ayant-droit. Pour l'effectuer il faut toutefois que le partage soit possible, et qu'il ne cause aucun préjudice aux parties intéressées. Les tribunaux sont appelés chaque jour à prononcer sur les contestations qui s'élèvent à ce sujet. S'ils jugent que la division est impossible, ou qu'elle doive causer un préjudice notable à l'une des parties, ils prononcent l'indivision, qui se résout alors par la licitation. Le principe de l'indivision n'est donc pas contestable ; il est consacré par la jurisprudence. La seule question à examiner est celle-ci : est-il nécessaire, est-il utile de l'appliquer aux bois et forêts ?

Le partage de cette nature de propriété, nous l'avons prouvé, est une des causes les plus actives de sa destruction. L'indivision remédie à cet inconvénient. Elle perpétue la conservation des bois ; elle est favorable aux intérêts de ceux qui les possèdent, elle les protége : l'indivision des bois et forêts est donc le droit commun qu'il convient de leur appliquer ; la division, l'exception de ce droit.

Ce ne sont pas, on le comprend, les bouquets de bois disséminés dans les campagnes, ceux dont les produits sont indispensables à l'exploitation du domaine agricole, que nous entendons soumettre à ce principe. Quand le domaine est susceptible d'être partagé, les bois qui en font essentiellement partie, qui sont nécessaires à l'entretien des instruments aratoires et au chauffage de la ferme ou de la métairie, doivent l'être également.

Le principe de l'indivision ne serait donc appliqué qu'aux forêts, aux grands bois régulièrement aménagés, et dont le *minimum* de la contenance, que nous n'entendons pas fixer ici, serait, par exemple, de cent hectares.

En admettant que ce principe soit appliqué, quel en sera le résultat ? Le résultat immédiat de l'indivision sera, du consentement des parties intéressées, la vente ou la jouissance en commun de la propriété forestière ; à défaut d'accord entre les parties, la licitation.

Il est toutefois une autre conséquence médiate, mais

inévitable, de l'indivision, sur laquelle il importe de ne point se méprendre. Ce sera de faire passer successivement, et à des époques plus ou moins éloignées, les forêts dans les mains de sociétés forestières. La division, le morcellement de toute propriété, on le sait, tend à en faire augmenter la valeur vénale. L'indivision, par un effet contraire, diminuant la concurrence entre les acheteurs, fera déprécier de plus en plus cette valeur. Sous cette influence, il viendra un moment où les cohéritiers de forêts seront contraints par leur propre intérêt de les jouir en commun, et de se constituer en société, de telle sorte que chacun puisse céder ses droits et en disposer selon ses besoins. L'association, avec le temps, deviendra ainsi forcément le seul mode de possession des forêts.

Pour beaucoup d'industries une société forcée aurait d'immenses inconvénients; pour l'exploitation des bois elle n'en a aucun. Quand la loi ou le contrat de société aura réglé d'avance la durée, la nature des aménagements et les formalités susceptibles de garantir les droits et les intérêts des associés, il ne restera plus entre eux aucun sujet de dissentiment.

Ces sociétés, sur lesquelles nous reviendrons plus tard, seraient soumises à la surveillance du gouvernement, et organisées d'après les dispositions qui seraient prescrites par un réglement spécial, rendu exécutoire par une ordonnance royale.

Une forêt bien aménagée est au moins aussi facile à exploiter qu'une mine de houille ou qu'une grande manufacture, qui sont aussi des propriétés immobilières. Des houillères, des mines, des usines, des manufactures sont dirigées avec succès par des sociétés anonymes en commandite ou en participation par action; et, lorsque ces associations sont sérieuses et en bonnes mains, on les a toujours vues prospérer.

Ce mode de jouissance, appliqué aux forêts, sera aussi favorable aux intérêts moraux du pays qu'aux intérêts matériels des associés.

Le sol forestier reste, en quelque sorte, inaliénable. Les droits à la jouissance de ses produits sont seuls transmissibles à des tiers, et cette transmission est temporaire ou perpétuelle. L'une représente la ferme; l'autre, la vente. Celle-ci peut se borner aux droits sur un certain nombre de coupes déterminées, et celle-là s'étendre au revenu perpétuel de la forêt. Le titre d'action se prête ainsi merveilleusement à tous les genres de négociation dont la propriété immobilière est l'objet. Il a de plus cet avantage qu'il affranchit le sol des soucis du régime hypothécaire; car, si un porteur d'action veut faire un emprunt, assurer ou constituer une dot, l'acte du dépôt de l'action qui en constate l'objet présente autant de garantie que l'hypothèque, et n'a aucun de ses inconvénients.

Le titre d'action crée ainsi une sorte de valeur mixte qui est tout à la fois mobilière et immobilière. La propriété ne change point de nature; le titre de la propriété est seul mobilisé. Ce titre est cessible; il s'introduit dans la circulation des richesses, et procure à la propriété foncière un immense moyen de crédit, dont elle est privée aujourd'hui.

Supposez en effet que la moitié ou le quart seulement des forêts des particuliers soit mobilisé de cette manière: c'est par centaines de millions, et jusqu'à plusieurs milliards, qu'il faudra compter les valeurs négociables qui seront mises à la disposition de l'agriculture. Avec cette ressource nouvelle elle n'aura plus rien à envier ni au crédit industriel, ni au crédit commercial du pays.

Les avantages moraux de ce principe ne sont pas moins évidents que ses avantages matériels : quoi de plus moral en effet que l'association fondée, dans un commun intérêt, sur la confiance réciproque d'un grand nombre d'associés! quoi de plus moral que ce partage indéfini de la propriété immobilière, qui pourtant ne la morcelle pas, et lui conserve tout ce que son agglomération a d'utile; qui offre au prolétaire un placement de ses épargnes aussi solide que fructueux, et qui, l'attachant au sol de son pays, le porte à le chérir et à se dévouer à ses institutions? quoi de plus moral enfin que cette association de la famille dont l'indivision de l'héritage forestier tend à prolonger la durée au-delà du terme que la Providence lui avait assigné, en la privant de son chef, sans imposer aucune entrave à la libre disposition des droits de chacun ?

Vous le devez reconnaître, Messieurs, bien mieux encore que je ne le puis démontrer : le principe de l'indivision serait aussi fécond par ses résultats matériels que par son influence morale sur la société.

Nous passons à la question de l'expropriation :

Déjà, Messieurs, le conseil général de l'agriculture, sur le rapport de M. Soulange-Bodin, a adopté, dans sa dernière session, l'application du principe de l'expropriation au reboisement de la France. Malgré la controverse dont cette proposition a été l'objet, nous en considérons l'adoption comme absolument nécessaire au succès du reboisement, et nous la reproduisons avec une confiance d'autant plus grande que notre opinion personnelle se trouve fortifiée par l'imposante autorité des hommes éminents dont se compose le conseil général d'agriculture.

En fait, le reboisement a-t-il pour objet des entreprises d'utilité publique? Doit-on autoriser par ce motif l'expropriation des terrains dont le reboisement sera jugé nécessaire , et que les propriétaires de ces terrains refuseraient de boiser eux-mêmes?

Nous renfermons la question dans cette limite afin de prévenir les objections qu'on serait fondé à nous opposer si nous la présentions sous un point de vue plus général.

Les semis et les plantations de quelques hectares de superficie que les propriétaires font faire, çà et là dans leurs domaines, selon leur convenance personnelle, sont évidemment d'une utilité trop restreinte pour qu'on leur attribue le caractère de l'utilité publique. Ces reboisements partiels concourent à augmenter les ressources du pays : sous ce rapport ils méritent d'être encouragés. Mais, alors qu'un propriétaire ne voudrait pas ou ne pourrait pas reboiser les parties de sa propriété qui seraient susceptibles de l'être, ce ne serait certes pas un motif d'en autoriser l'expropriation. Il est donc bien entendu qu'il ne s'agit d'appliquer cette mesure qu'aux grands espaces de landes et de bruyères et aux terrains en pente en particulier.

La question, ainsi posée et comprise, est facile à résoudre.

En admettant comme vrais les effets désastreux que nous avons attribués au reboisement, on ne peut s'empêcher de reconnaître le haut degré d'utilité publique des reboisements qui ont pour objet d'arrêter le cours de ces désastres.

Ainsi, quand la loi proclame l'utilité publique de l'ouverture, de l'élargissement et du redressement des routes, de la construction des ponts et canaux , n'est-il pas juste qu'elle proclame également l'utilité des mesures de reboisement qui doivent concourir à assurer la conservation de ces ouvrages en opposant un obstacle à l'impétuosité des torrents qui dégradent les chaussées, aux débordements qui entraînent les ponts, qui rompent les digues des canaux, ravagent les rives des rivières, et compromettent la vie de leurs habitants?

Quand la loi autorise, pour cause d'utilité publique, l'expropriation des terrains nécessaires à la construction des forts jugés utiles à la défense du pays, pourquoi ne proclamerait-elle pas la même utilité lorsqu'il s'agit d'opposer des barrières à l'invasion de certains fléaux de la nature, qui peuvent, en quelques heures, causer plus de maux et de ravages que l'invasion d'une armée étrangère ne pourrait en faire en une campagne?

Quand la loi pour cause d'utilité publique ordonne l'éloignement ou le déplacement d'une usine réputée insalubre, pourquoi n'ordonnerait-elle pas le dessèchement et la plantation d'un marais dont les miasmes délétères déciment les populations qui sont forcées d'en habiter les alentours?

Quand, pour cause de l'utilité publique, et dans l'unique intérêt du trésor, la loi réglemente certaines cultures, telles que celle du tabac, dont elle attribue le monopole à l'état, ou en frappe les productions, comme les boissons, d'un impôt particulier, pourquoi n'ordonnerait-elle pas le reboisement de certains terrains, n'autoriserait-elle pas l'état à l'exécuter pour son compte sur le refus des propriétaires de le faire pour le leur, alors que ces entreprises doivent augmenter la valeur du territoire foncier, assurer la puissance de la marine, féconder toutes les sources de la prospérité publique, et rapporter de nombreux tributs au trésor par mille canaux divers?

Si ces questions se résolvent par l'utilité publique du reboisement, le législateur doit armer le gouvernement de la faculté d'exproprier, au besoin, les terrains qu'il jugera convenable de reboiser.

On s'oppose cependant à cette mesure; on s'y oppose, on nous l'a dit, parce qu'elle enlève au propriétaire la libre disposition de son bien, et qu'elle attente ainsi au respect qu'on doit à la propriété au moment où une foule de systèmes anarchiques, qui tendent à la détruire, surgissent et fermentent au sein de notre nouvel état social.

Nous ne comprenons pas ces motifs, nous l'avouons. En autorisant une expropriation la loi veut que le propriétaire reçoive une indemnité proportionnée au dommage qu'elle lui cause. Ce vœu de la loi accompli, le propriétaire n'a plus aucun sujet de se plaindre. Son opposition serait d'autant plus mal fondée que l'expropriation aura pour objet, dans le plus grand nombre de cas, de rendre à son terrain une destination que la loi ne lui permettait pas de changer, de rétablir des bois que la loi lui imposait l'obligation de conserver, d'entretenir, et que pourtant il a laissé détruire par sa négligence, ou livrés, par intérêt, au parcours des troupeaux. Elle serait d'autant moins fondée que l'expropriation ne peut l'atteindre s'il ne lui convient pas ou s'il est dans l'impuissance de réparer le mal que lui ou ses prédécesseurs auraient fait ou auraient laissé faire.

En étendant le principe de l'expropriation aux terrains dont le reboisement sera ordonné dans des vues d'intérêt ou d'ordre public, nous ne croyons ni encourager les utopies qu'enfante une philanthropie mal éclairée, ni attenter au respect de la propriété: nous proposons cette mesure avec la conviction que le plus sûr moyen de fortifier ce sentiment dans l'esprit des peuples c'est de faire que l'orgueil qui s'attache au titre de la possession fléchisse devant l'intérêt public toutes les fois que, dans cet intérêt, la loi en commande le sacrifice.

Ainsi s'évanouissent les seules objections qu'on ait opposées à la mesure de l'expropriation depuis que la commission du conseil général de l'agriculture a proposé de l'appliquer au reboisement de la France dans sa session de 1842.

De ce que le reboisement est une entreprise d'utilité publique, et de ce que le législateur peut ordonner l'expropriation des terrains qu'on jugera nécessaire de reboiser, il ne s'ensuit pas qu'il soit utile à l'état de s'emparer exclusivement du monopole du reboisement. Ce monopole aurait pour objet l'intérêt à venir du trésor; mais le trésor le retrouvera plus tard dans l'accroissement de la richesse publique, dans la valeur plus considérable qui sera donnée aux landes reboisées, dans le produit des transactions dont elles seront l'objet, et dans la part d'impôt plus forte qu'elles pourront supporter.

Si le principe de l'indivision des forêts n'était pas proclamé ; si leur exploitation devait être abandonnée, comme par le passé, à la spéculation, aux exigences, aux caprices des intérêts privés, le pays aurait sans doute un grand intérêt à ce que l'état reconstituât, pour son compte, le sol forestier de la France. Mais, si le principe de l'indivision est consacré; si, par la sage application qui en sera faite, les forêts sont administrées avec économie, et soumises aux aménagements les plus fructueux, cet intérêt ne se fera plus sentir au même degré. Ce que l'état et le pays doivent vouloir avant tout c'est le reboisement de la France. Eh bien, pour l'effectuer sans lenteurs, sans entraves, avec suite et avec succès, ce ne sera pas trop du concours de toutes les volontés, de tous les moyens d'action qu'on peut trouver dans l'esprit d'association et dans l'intérêt des propriétaires de landes, excités et soutenus par l'exemple et par les encouragements de l'état.

L'économie du trésor a besoin de ce concours.

Les travaux du reboisement annuel, nous l'avons vu, doivent porter sur une superficie de 34,798 hect., et exigent une dépense que nous avons évaluée à 1,739,900 fr. Si l'état prend à sa charge tous les travaux, il faut encore qu'il achète les landes, dont nous avons fixé le revenu moyen à 10 fr. par hectare, et dont la valeur vénale à 4 pour cent serait de 250 fr. L'expropriation de 34,798 hectares à ce prix monterait à la somme de 8,699,500 fr., qui, ajoutée à la dépense des travaux, élèverait la dépense totale annuelle à 10,439,400 fr.; et, comme le trésor serait grevé de cette dépense pendant vingt-cinq ans au moins, c'est-à-dire jusqu'à l'époque où le produit des premiers semis ou des premières coupes couvrirait les frais des travaux suivants, il serait ainsi obligé de débourser une avance de 260,985,000 fr. Or, quelque prospère que soit la situation du trésor, on comprend aisément, lorsqu'on la compare à l'énormité des charges qui lui sont imposées, aux dépenses extraordinaires des chemins de fer et des canaux, dont il est important de compléter le réseau; on comprend que plus d'un ministre des finances reculerait devant l'obligation d'y joindre encore l'entreprise entière du reboisement.

Au moyen du concours simultané des propriétaires,

des sociétés de capitalistes et de l'état, cette grande entreprise s'achèvera avec plus d'économie pour le trésor, et non moins de succès pour le pays. En admettant que les travaux se partagent par égales portions, l'état n'y participera plus que pour un tiers, et la part contributive annuelle du trésor dans la dépense générale se trouvera réduite à la somme de 3,479,800 fr. Cette nouvelle charge est encore considérable ; mais, outre qu'il ne s'agit que d'une simple avance que le trésor recouvrera un jour avec d'immenses avantages, nous verrons plus tard qu'il n'est pas impossible de l'affranchir de ce qu'elle pourrait avoir d'onéreux pour lui.

Une loi sur le reboisement sans aucune participation de l'état, il est essentiel de le remarquer, n'aurait aucun résultat certain. Pour que la loi soit efficace, il faut que le gouvernement puisse dire aux propriétaires des landes : « Boisez-les, ou, si vous ne le faites pas, je les fais exproprier ; je cède l'entreprise du reboisement à des compagnies de capitalistes ; et, s'il ne s'en présente pas, je les boiserai pour le compte de l'état ». Sous cette influence, et au moyen de quelques encouragements dont le moment n'est pas encore venu de vous entretenir, on verra se former des sociétés de propriétaires et de capitalistes assez nombreuses et assez considérables pour effectuer sans nulle gêne le reboisement des terrains que l'état ne prendrait pas à sa charge.

Ce double concours de l'état et de l'industrie privée est d'ailleurs nécessaire ; voici pourquoi : il est des terrains en pente qu'il est indispensable de reboiser, mais dont les positions exceptionnelles offriront parfois trop peu de chances de bénéfice aux compagnies pour que celles-ci veuillent accepter la responsabilité de leur reboisement. L'état sera donc forcé de s'en charger.

La création des bois aménagés de vingt à trente ans conviendra aussi bien mieux aux compagnies forestières que la création des futaies aménagées à long terme; et la raison en est simple : c'est que les compagnies, impatientes de toucher les revenus de leurs déboursés et d'en recueillir les bénéfices, laisseront pour le compte de l'état la création et la culture des futaies, beaucoup moins lucratives que celles des taillis, dont les produits se feront d'ailleurs attendre moins long-temps. L'état sera donc encore forcé de créer et de cultiver la plus grande partie des nouvelles futaies nécessaires à l'entretien de sa marine et aux grands travaux publics.

Que si le trésor est seul chargé de la dépense totale du reboisement, ou il manquera de ressources suffisantes, ou il n'en manquera pas. Dans le premier cas, le succès du reboisement sera compromis; dans le second, la propriété rurale et l'agriculture seront privées de toute participation à l'accroissement de richesse que procurera le reboisement, et perdront ainsi un puissant et immense moyen de crédit.

Abandonner au contraire le reboisement entier aux spéculations des intérêts privés ce serait, sous beaucoup de rapports, en compromettre l'objet et les résultats; ce serait enlever à l'état la faculté de profiter des années prospères et de paix qui lui sont données pour se remettre en possession du territoire forestier dont il a été obligé de se dépouiller dans des circonstances extraordinaires.

En se chargeant du tiers de l'entreprise l'état reboisera 580,000 hectares. Supposons que, sur cette quantité, il en laisse 45,000 en taillis, et qu'il fasse une réserve de 535,000 hectares de futaies : il suffira d'im-

poser aux compagnies forestières l'obligation , peu
dommageable pour elles, d'aménager aussi en futaies
un dixième des bois qui seront créés par leurs soins pour
augmenter la consistance actuelle des futaies de la
France des 652,000 hectares qu'il nous a paru nécessaire
d'y ajouter.

La participation de l'état, des propriétaires des terrains et des capitalistes à l'entreprise générale du
reboisement de la France, vous le voyez, satisfait tous
les besoins, toutes les exigences, et concilie tous les
intérêts.

Pour obtenir le concours des propriétaires et celui des
compagnies financières, soit séparément, soit par la
réunion de leurs intérêts, la loi doit autoriser le gouvernement à les constituer en société anonyme, ou en
société en participation par actions.

Chaque propriétaire pourrait sans doute reboiser son
terrain, et s'en réserver la propriété. Mais, comme il
s'agira de landes, dont le sol est en général très-divisé,
il est préférable d'agglomérer ces propriétés éparses, et
de réunir tous les intérêts dans une association commune.
Sans cette réunion on retomberait dans les inconvénients
que le morcellement du sol a pour la culture des bois.
En conservant la faculté de reboiser son terrain séparément, chaque propriétaire s'exposerait à soutenir une
foule de discussions et de procès à raison de la multipli-
cité des clôtures, des enclaves, des chemins de servitude,
des fossés de desséchement et des rigoles d'arrosement
qu'il serait nécessaire d'établir. Les travaux , étant
dirigés selon les intérêts ou les caprices de chacun,
seraient exécutés sans ordre, sans ensemble et sans
cette unité de vues et d'action toujours nécessaire à
l'économie et au succès de toute grande entreprise.

Par l'agglomération des terrains, et avec l'association des propriétaires, on évite ces inconvénients. Au lieu de clorre le terrain de chaque particulier sur sa limite, on n'établit qu'une seule clôture sur la limite extérieure de tous les terrains agglomérés, on affranchit le sol de toute espèce de servitude et les propriétaires de tout sujet de discussion. La centralisation des travaux, confiée à des agents spéciaux et responsables, leur assure la direction la plus économique et en même temps la plus utile aux intérêts généraux de l'association. La surveillance, la conservation des bois devient facile. Ils sont soumis sans obstacles aux aménagements les plus profitables, et leur jouissance en commun en perpétue les produits, et assure à chaque membre de l'association un revenu net annuel plus grand et plus certain que ne l'aurait été celui des bois que chacun aurait ensemencés et entretenus pour son compte particulier.

On ne saurait donc trop favoriser la formation des sociétés forestières. Ces sociétés seraient organisées dans la forme et suivant les règles qui seraient prescrites par les ordonnances qui en autoriseraient la création ; la même organisation serait nécessairement appliquée à la jouissance des forêts actuelles, qui, par suite du principe de l'indivision, seront un jour administrées pour le compte commun de ceux qui seront appelés à les posséder sans partage. Toutes les forêts seraient ainsi soumises au même mode d'administration et de régie.

Ce serait ici la place d'examiner l'organisation qu'il convient de donner aux sociétés forestières si, en nous livrant à cet examen, nous ne devions pas craindre de montrer une trop grande confiance dans le succès de nos propositions. Sans rien préjuger à ce sujet, et bien que nous voulions nous borner à l'étude des mesures qui exigent l'intervention de la législature, il est cependant quelques remarques relatives à l'organisation de ces sociétés sur lesquelles nous croyons nécessaire d'appeler votre attention.

Pour favoriser et hâter le reboisement nous demandons le concours simultané des propriétaires de terrains, des compagnies financières et de l'état : ce concours aura-t-il lieu séparément ou conjointement? en d'autres termes : les entreprises des sociétés de propriétaires, celles des compagnies financières et celles de l'état seront-elles entièrement indépendantes les unes des autres? ou ces divers intérêts pourront-ils sans inconvénient s'unir et s'associer de deux en deux, ou tous les trois ensemble, dans une seule et même entreprise?

Nous ne répondrons point à ces questions en posant des règles invariables. Il nous paraît plus utile d'admettre facultativement en principe ces différentes sortes d'associations, suivant les positions, les circonstances dans lesquelles elles se formeront.

Si les propriétaires des terrains consentent à s'unir pour les boiser, il est juste de leur donner la préférence sur les compagnies financières. Si la totalité des propriétaires, ou seulement une partie, ne veulent pas ou ne peuvent pas entreprendre le reboisement de leur terrain, ils seront expropriés au profit de l'entreprise du reboisement. Dans le premier cas, celle-ci sera confiée à la compagnie financière qui en solliciterait la concession; dans le deuxième, des capitalistes seront substitués au lieu et place des propriétaires qui n'auront voulu y prendre aucun intérêt, et deviendront associés des autres. Si le double concours des propriétaires et des capitalistes est insuffisant pour réunir les fonds nécessaires à l'entreprise, et constituer la société, l'état interviendra alors pour le surplus. S'il arrive enfin que le concours des propriétaires et des compagnies financières soit refusé, l'expropriation du terrain et les travaux du reboisement se feront entièrement pour le compte de l'état.

La constitution des sociétés forestières en participation par actions rend aussi simple que facile l'application de ces combinaisons diverses. N'ayant rien d'exclusif dans son principe, elle n'empêche point le grand propriétaire qui dispose de capitaux et de terrains suffisants de les boiser pour son compte, et de créer de grandes forêts dont il reste l'unique propriétaire. Elle réunit les intérêts de ceux dont les ressources et le crédit ne seraient pas assez considérables pour qu'ils pussent entreprendre isolément le reboisement de leurs terrains, et leur fournit, avec le concours des capitaux particuliers et de l'état, le moyen de faire en commun ce que chacun n'aurait pas pu ou n'aurait pas osé entreprendre séparément. Ce concours de l'état, au moyen de la surveillance et de la coopération de ses agents, assure la bonne gestion des intérêts sociaux, surtout en ce qui touche la conservation des bois, leur aménagement et leur exploitation; il garantit aux actionnaires la rigoureuse exécution des clauses du contrat de société; il entoure ainsi les sociétés forestières de la confiance publique, et en favorise nécessairement la formation et la constitution.

Là ne se bornent pas les avantages de ce concours.

Au moment où des propriétaires seront expropriés, ils peuvent ne pas avoir assez d'aisance pour renoncer pendant un grand nombre d'années au revenu de leur terrain, et concourir en même temps à la dépense du reboisement. Cependant il est possible que leur position de fortune s'améliore plus tard, et qu'alors ils regrettent de n'avoir conservé aucune part dans les bénéfices de l'entreprise; il se peut aussi que, par un excès de prudence qu'on ne saurait reprocher à des pères de famille, d'autres propriétaires, au moment de leur expropriation, n'aient pas voulu courir les chances périlleuses d'un succès qui leur paraissait incertain; ensuite, lorsque l'entreprise sera terminée, lorsque le succès en sera assuré, lorsque ses produits seront susceptibles d'être évalués avec exactitude, il se peut qu'ils regrettent vivement d'être restés étrangers à une association dans laquelle ils pouvaient entrer, et dont ils ne s'étaient éloignés que parce qu'ils n'en avaient compris ni l'importance ni les avantages. Eh bien, dans tous ces cas, ne s'estimeraient-ils pas heureux de pouvoir ressaisir les avantages de leur première position? Et ne serait-ce pas accréditer les sociétés forestières parmi les propriétaires, c'est-à-dire parmi ceux qui ont le plus d'intérêt à en faire partie, que de leur concéder cette faculté en leur permettant d'échanger le prix de l'indemnité qui leur aurait été attribuée contre un nombre d'actions d'égale valeur?

Mais, pour opérer cette transaction sans embarras, et ne point la compliquer par les calculs intéressés de l'agiotage, le concours de l'état est encore nécessaire. C'est que l'état est, de tous les associés, le seul qui soit en position de renoncer aux avantages de l'association en cédant au pair les actions qu'il aurait prises bien plus pour en faciliter la constitution qu'en vue des bénéfices qui y étaient attachés. Cette concession, aussi politique que généreuse, ne causera aucun préjudice au trésor. En le faisant rentrer dans une partie ou dans la totalité des avances qu'il aurait faites en faveur des compagnies créées, elle le mettra en position d'accorder successivement à de nouvelles compagnies, et avec la même somme de capitaux, les mêmes facilités et les mêmes encouragements.

Ne craignez pas que la faculté de revendiquer les actions que les propriétaires, lors de leur expropriation, auraient eu le droit de se réserver, devienne l'objet d'une spéculation de la part de ceux qui seraient peu disposés à seconder les entreprises du reboisement. En rendant ces actions productives d'intérêt depuis le jour de leur création jusqu'à celui où la revendication en sera réclamée, on maintiendra tous les actionnaires dans une position parfaitement égale. Il n'y aura préjudice ni pour le propriétaire, qui rentrera en possession de ses actions, ni pour le trésor, qui recouvrera ainsi l'intérêt de ses avances.

Que si, malgré la justice de cette condition, elle paraissait onéreuse à quelques propriétaires, rien n'empêcherait qu'on leur laissât la facilité de s'en affranchir. Mais alors, au lieu de toucher le prix de leurs terrains au moment où ils en seraient dépossédés, ils se réserveraient le droit de revendiquer les actions qui en représenteraient la valeur, ou d'en demander le remboursement en espèces. Dans le premier cas, ils recevraient les actions pour leur valeur primitive; dans le deuxième, ils toucheraient le prix de leur terrain avec l'intérêt qu'il aurait produit. La production d'intérêt serait ainsi réciproque, et ne donnerait lieu à aucune objection fondée.

Le délai pendant lequel l'action en revendication pourrait être exercée doit être assez long pour que ceux qui y auraient intérêt pussent juger des progrès et de la situation des travaux du reboisement. Nous proposons d'en fixer le terme après la pousse de la seconde feuille des derniers bois ensemencés, c'est-à-dire à la fin de la seconde année qui suivrait l'achèvement des travaux..... A cette époque chacun pourrait en juger les résultats, et user avec connaissance de cause de la faculté de retirer ses actions ou d'en recevoir le prix. Passé ce délai, les actions seraient définitivement acquises à l'état, qui, selon son intérêt, les conserverait ou les négocierait à des tiers.

Nous dépasserions le but que nous nous sommes proposé si nous portions plus loin nos investigations sur les principes généraux qu'il convient d'appliquer à la constitution des sociétés forestières : l'esprit d'équité dans lequel nous avons conçu nos propositions témoignera de nos efforts pour ménager tous les intérêts, et les concilier avec le plus puissant de tous, le succès du reboisement de la France. L'un des meilleurs moyens de l'assurer consisterait peut-être à soumettre immédiatement au régime forestier toutes les forêts indivises. Par cette mesure les sociétés seraient délivrées des soucis de leur gestion.

Nous n'avons pas cru toutefois que ce fût le moment d'en faire l'objet d'une proposition formelle. Si le régime forestier paraît favorable aux intérêts des compagnies, mieux vaut qu'elles en sollicitent l'application d'un mouvement libre et spontané que si ce régime leur était imposé par une prescription de la loi.

La commission du conseil général de l'agriculture proposait un autre système que nous ne pouvons passer sous silence, ni faire mieux connaître qu'en laissant parler son rapporteur :

« Il conviendra sans doute, disait-il, que la loi, élevant

les opérations du reboisement au rang des travaux
d'utilité publique, arme l'administration du droit d'expropriation des terrains à reboiser, lequel serait surtout
applicable aux communes dont les terrains seraient à
l'instant soumis au régime forestier; et, quant aux
particuliers, ils seraient d'abord mis en demeure de
pourvoir eux-mêmes aux plantations jugées nécessaires,
et ce ne serait qu'à leur refus que l'administration,
mettant ses opérations sous la protection de la loi, y
ferait procéder à leur place. Ici cette mesure de l'expropriation, loin d'avoir aucune apparence vexatoire,
prendrait un caractère tutélaire et conservateur dans la
falculté qui serait laissée aux expropriés de rentrer dans
leurs biens sous des conditions que la loi a même déjà
déterminées (*loi* du 16 septembre 1807, art. 3). La
dépossession ne serait donc que temporaire, et la reprise
du fonds par le propriétaire serait déclarée pour lui
facultative. On ne peut, ce semble, demander à l'intérêt
général une plus grande déférence pour les intérêts
privés. »

Vous applaudirez avec nous, Messsieurs, au sentiment
de convenance et de conciliation qui dictait des disposi-
sitions si essentiellement favorables aux expropriés.
Nous leur devons la pensée primitive de quelques-unes
de nos propositions; mais, en approuvant ces dispositions
au fond, nous n'admettons pas l'ensemble du système
auquel la commission du conseil général d'agriculture
en fait l'application. Ce système diffère essentiellement
de celui que nous proposons d'y substituer : celui du
conseil général établit une distinction dans l'origine des
terrains d'une même forêt; il soumet le terrain commu-
nal au régime forestier, et permet aux particuliers
d'exploiter le leur selon leur intérêt et leur bon plaisir.

Le nôtre agglomère tous les terrains sans distinction d'origine; il unit les intérêts, les rend solidaires, et soumet toutes les parties de la forêt à la même culture, au même aménagement. Dans l'un, la négligence des petits propriétaires multiplierait bientôt les clairières au milieu des forêts; dans l'autre, toutes les parties de la forêt seront forcément cultivées avec le même soin. Sous l'influence du premier, le propriétaire de quelques hectares de bois ne perçoit qu'un revenu incertain à des intervalles de temps inégaux. Sous l'influence du second, il en tire un revenu annuel et régulier. Le système de la commission du conseil d'agriculture livre enfin les forêts, dès l'instant de leur création, à tous les inconvénients d'un morcellement indéfini, c'est-à-dire à une dévastation dont rien ne saurait arrêter les progrès. Celui que nous proposons réunit tous les avantages d'une association fortement constituée, placée sous la surveillance protectrice du gouvernement, et, par des aménagements réguliers, assure la conservation indéfinie des bois. C'en est assez pour justifier la préférence que nous lui avons donnée.

Après avoir constitué les sociétés forestières, le moment est venu d'examiner dans quelle forme et d'après quelles règles les ordonnances de reboisement seront rendues. Nous avons déjà démontré la nécessité de laisser à l'administration une grande latitude sur l'étendue qu'elle jugera nécessaire de lui donner dans chaque département, suivant la configuration topographique du territoire, les besoins et les habitudes agricoles de chacun. Aussi nous bornerons-nous à vous entretenir des dispositions générales que la loi doit prescrire à ce sujet.

Si, parmi ces dispositions, il s'en trouve quelques-unes qui posent des limites à l'action de l'administration, ce n'est pas que nous voulions retirer d'un côté ce que nous croyons utile de lui accorder d'un autre; c'est qu'il nous a paru nécessaire de rassurer les populations agricoles, et particulièrement les populations pastorales, contre l'extension abusive du reboisement. A cet égard, on ne saurait prendre trop de précautions pour que la loi du reboisement, qu'on doit considérer comme une loi de nécessité, de prévoyance et d'humanité, obtienne l'assentiment populaire du pays appelé à en recueillir les bienfaits.

Les premières formalités à remplir consisteraient à extraire du cadastre parcellaire de chaque département les plans des landes et bruyères que l'administration jugerait nécessaire de reboiser, et dont l'agglomération présenterait une superficie assez grande pour soumettre à un aménagement régulier les bois qui y seraient ensemencés. On dresserait autant de plans qu'on se proposerait de créer de sociétés forestières différentes.

Ces plans seraient soumis à l'examen de commissions locales, composées des maires et des délégués des conseils municipaux, dont le nombre serait du dixième de celui des membres des conseils des communes intéressées, des membres du conseil d'arrondissement et du conseil général nommés par le canton, et enfin de l'ingénieur de l'arrondissement. Un délégué de l'administration forestière remplirait auprès de ces commissions les fonctions de commissaire du gouvernement.

Les travaux des commissions et les propositions du préfet seraient ensuite l'objet d'un rapport au conseil d'arrondissement et au conseil général, qui exprimeraient aussi leur avis sur les projets qui leur auraient été présentés, sur l'importance et l'étendue qu'ils croiraient utile de donner au reboisement du département , et l'ordre dans lequel il serait convenable d'en poursuivre l'exécution.

Sur ces documents et sur le rapport de l'administration forestière, et celui du conseil des ponts et chaussées en ce qui touche les travaux à exécuter sur les terrains en pente, le ministre de l'agriculture fixerait, chaque année, par une ordonnance royale, la répartition des travaux entre les départements, et le nombre des sociétés forestières qu'il aurait décidé de constituer dans chacun.

Ces préalables remplis, les ordonnances, les plans et projets de reboisement seraient publiés dans les formes prescrites par la loi du 8 mars 1810, et les propriétaires des terrains seraient informés par un avis du préfet qu'ils auraient à déclarer, dans un délai de trois mois, s'ils entendent faire partie de la société forestière, lui concéder leurs terrains au prix de l'estimation qui en serait faite, et souscrire pour un certain nombre d'actions.

Passé ce délai, les propriétaires qui auraient refusé de concourir au reboisement, et de faire partie de la société, seraient expropriés.

L'administration, connaissant alors la somme nécessaire pour payer les terrains expropriés et couvrir la dépense des travaux , réserverait à l'état le nombre d'actions que les propriétaires auraient le droit de revendiquer, et ouvrirait un registre au chef-lieu de la sous-préfecture sur lequel on recevrait les souscriptions aux actions qui resteraient disponibles. Ce registre serait ouvert pendant trois mois, et, ce délai expiré, l'administration prendrait, au nom de l'état, les actions qui n'auraient pas été soumissionnées.

Après l'accomplissement de ces actes, la société serait constituée par une ordonnance royale.

Toutes ces dispositions se justifient d'elles-mêmes :

Les commissions locales, composées en majorité de fonctionnaires élus par leurs concitoyens et possédant leur confiance, donneront des avis plus sages et plus désintéressés que ne le sont ordinairement les avis recueillis dans les enquêtes individuelles. Contrôlés par les conseils d'arrondissement et de département, ces avis accréditeront les projets de l'administration dans le pays , et en rendront l'exécution plus facile. Les délibérations de ces conseils fourniront enfin d'utiles documents à l'administration supérieure, chargée de prononcer en dernier ressort sur les questions de reboisement.

De puissants motifs doivent lui faire donner cette haute attribution : un département où la disette des bois ne s'est pas fait sentir peut exprimer loyalement un vœu contraire à l'accroissement de son territoire forestier, tandis que les départements situés dans la partie inférieure du cours des rivières qui le traversent seront également fondés à manifester des vœux différents. La haute administration, dépositaire de ceux de tous les départements, peut seule les apprécier avec sagesse, et décider s'il est convenable d'augmenter ou de ne pas augmenter la consistance de leurs forêts.

L'utilité relative des entreprises de reboisement n'est pas la seule considération d'après laquelle il conviendra de les répartir entre les départements. Il est encore important, surtout à l'époque de la première application de la loi, de tenir compte de la sympathie que les localités montreront pour ces entreprises, et de la facilité qu'elles offriront pour y constituer les sociétés forestières. Cela est important en ce que les premiers succès, détruisant les préjugés qui leur seraient contraires, favoriseront les succès à venir. Or l'administration supérieure est la seule autorité à qui sa position permette de connaître l'esprit public des localités. Chargée de l'emploi des crédits spéciaux qui lui sont ouverts sur les budgets de l'état, elle seule enfin doit et peut procéder à la répartition des travaux de reboisement de la manière la plus utile aux intérêts généraux du pays.

D'après l'ensemble du système que nous venons de développer, on peut apprécier maintenant les obligations que l'intervention de l'état dans les entreprises de reboisement lui fera contracter, et se convaincre que, malgré leur étendue, elles ne doivent inspirer aucune inquiétude.

Le concours que nous sollicitons de l'état a trois objets : 1° l'étude des terrains, la levée des plans, et les premiers frais d'organisation des sociétés forestières; 2° la part d'actions qu'il prendra dans ces sociétés; 3° les entreprises qu'il fera entièrement à son compte.

Nous avons évalué à la somme de 3,479,800 fr. la part contributive du trésor dans la dépense annuelle des travaux et des indemnités de terrains. En y joignant les premiers frais d'études et d'organisation, nous admettons que la dépense totale soit élevée à 3,550,000 fr. : bien certainement cette dépense est trop modique pour que, en temps de paix, et lorsque les revenus du trésor s'accroissent avec la prospérité générale du pays, elle puisse lui causer de la gêne.

Ce ne serait qu'en temps de guerre, et dans des circonstances extraordinaires, qu'on pourrait craindre que cette nouvelle charge lui fût onéreuse. Eh bien, dans cette hypothèse, qui, nous l'espérons tous, ne se réalisera pas de nos jours, vous allez voir combien ces craintes seraient peu fondées.

Quels seraient en effet les engagements du trésor?

En supposant que ces engagements annuels envers les sociétés forestières soient de 1,500,000 fr., ce qui est beaucoup, et que chaque entreprise particulière puisse s'achever en cinq années, ce qui nous paraît suffisant, le trésor ne sera engagé que pour cinq années envers ces sociétés, c'est-à-dire pour la somme de 7,500,000 fr., et ce déboursé, il importe de le remarquer, est moins une dépense qu'une sorte de prêt ou d'avance que l'état ferait à ces sociétés, et qui, après l'achèvement de chaque entreprise, s'il en avait besoin, ferait retour au trésor avec l'intérêt du capital au moyen de la revente des actions dont il serait détenteur. Au lieu de compromettre l'avenir, cette avance ménagerait des ressources dont les valeurs seraient assurément aussi faciles à réaliser qu'un emprunt.

A l'égard des entreprises en cours d'exécution que l'état aurait prises pour son compte, comme elles seraient l'objet d'une dépense facultative, qui serait subordonnée au vote annuel du budget, rien ne s'opposerait à ce qu'elles fussent ajournées à un temps plus prospère.

La crainte de causer au trésor une charge nouvelle qui pourrait en compromettre le service ne saurait être opposée raisonnablement à la participation de l'état au reboisement de la France. Au lieu de lui causer des embarras, cette participation, nous l'allons démontrer, se concilie si bien avec le service des caisses d'épargnes qu'elle le rendrait aussi profitable au trésor qu'il lui est onéreux aujourd'hui.

L'augmentation progressive des dépôts de ces caisses, et l'intérêt à 4 pour cent que l'état a contracté l'obligation de payer aux déposants, sont devenus, on le sait, une charge et un embarras pour le trésor. Trouver un emploi de ces dépôts produisant un intérêt égal à celui que l'état est obligé de servir, et dont le capital soit aisément réalisable, est un problême qui semblait insoluble, et dont le reboisement nous paraît appelé à donner la solution.

La production des bois, à raison de la plus-value qu'elle acquiert d'année en année, suffit en effet pour couvrir tout à la fois la première dépense des semis et le revenu foncier du terrain, y compris l'intérêt composé à 4 pour °/₀ de l'une et de l'autre, et pour procurer en outre un bénéfice net assez considérable. Les fonds des caisses d'épargnes qui y seraient employés ne trouveraient pas ailleurs un placement qui fût aussi lucratif et aussi solide. Ces fonds étant susceptibles d'être réalisés ou par la coupe des bois, ou par la vente des actions, pourraient être remboursés en tous temps à la première demande que les déposants en feraient. La participation de l'état dans les entreprises du reboisement peut avoir lieu par conséquent non-seulement sans rien emprunter aux ressources ordinaires du trésor, mais encore lui être en aide en lui procurant l'utile emploi d'un fonds qui lui est onéreux.

Quelque grande que soit l'influence d'une bonne loi sur le succès du reboisement de la France, il n'en est pas moins important de la seconder par les encouragements de toutes sortes que la nature de cette entreprise permet de lui accorder. La participation de l'état à la fondation des sociétés forestières est sans aucun doute l'encouragement le plus puissant qu'elles puissent recevoir;

mais, pour faire donner à leurs travaux toute l'activité qu'ils comportent, et leur imprimer une sorte d'essor national, cela ne suffit pas.

Le régime forestier, ne l'oublions pas, est un régime exceptionnel qui milite en faveur des propriétés qui y sont soumises, non par des priviléges que nos institutions repoussent, mais de légitimes compensations à la rigueur des règles qu'il impose, et dont toutes les autres propriétés sont affranchies.

Sous ce rapport il paraîtra juste d'accorder une forte réduction des droits de mutation auxquels les forêts sont assujetties comme toutes les autres propriétés immobilières. Remarquons d'ailleurs que, par suite de leur indivision, elles passeront successivement dans les mains des compagnies à qui nous refusons le droit de s'en dessaisir, et qu'elles seront ainsi possédées par un être abstrait représenté par des gérants chargés de les exploiter, et non de les vendre. Les titres à leur jouissance seront seuls mobilisés et transmissibles; et leur négociation, que les besoins du crédit, que la facilité de la vente et de l'achat rendront fréquente, ne serait pas assimilée avec justice à la vente ordinaire du bien fonds, dont l'acquéreur dispose selon son gré dès l'instant qu'il en prend possession. La négociation des actions ne doit donc pas donner lieu à la perception des mêmes droits de mutation. Leur transmission à titre successif, de donation ou de vente est une véritable cession mobilière qui ne doit être possible que d'un simple droit fixe; et, comme ce droit produira d'autant plus qu'il sera plus modéré, l'intérêt du fisc ne permet pas de l'élever au-dessus d'un certain taux.

La législation a déjà consacré un autre système d'encouragement dont l'expérience aurait probablement montré les avantages s'il avait été mieux compris, et si le législateur lui avait donné une plus grande extension : je veux parler des dispositions de la loi du 23 novembre, qui affranchissent de toute augmentation d'impôt, pendant trente années, les terres en friche nouvellement plantées ou semées en bois, et qui, pendant le même temps, réduisent des trois quarts l'impôt des terrains en valeur qui seraient également plantés ou semés.

Quelque bienfaisantes que soient ces dispositions, elles n'ont produit aucun résultat utile, et d'abord parce que les planteurs les ignorent, et ensuite parce qu'elles étaient encore trop restreintes.

Pour encourager les plantations il ne suffisait pas d'affranchir le terrain planté d'une augmentation d'impôt que rien ne motive; car, si le terrain acquiert de la valeur pendant la croissance des arbres, il perd, après leur coupe, toute celle qu'il avait acquise. Pour encourager les plantations il fallait les affranchir de tout impôt, non pas seulement pendant trente années (ce délai serait trop long dans quelques cas, et trop court dans d'autres), mais jusqu'à l'époque de la première coupe des bois, seul moyen de favoriser les aménagements à long terme.

Cette proposition est facile à motiver : la plantation n'a supporté jusque là que des charges; elle n'a point donné de revenu; et, comme le revenu sert d'assiette à l'impôt, comment en faire une évaluation équitable tant qu'il n'est pas connu? En concédant la franchise temporaire que nous demandons le législateur fera bien plus un acte de justice qu'un acte de faveur.

De bons esprits sollicitent une autre réforme : quand les bois des particuliers sont divisés en coupes annuelles et régulières, l'impôt annuel, nous l'avons dit, n'a aucun inconvénient; mais, lorsqu'il s'agit de taillis et de futaies de peu d'étendue dont les coupes périodiques se font toutes à la fois, et non par parties, l'impôt annuel, pendant le temps qui s'écoule d'une période à l'autre, est une charge énorme qui ne devrait être imposée au propriétaire qu'à l'époque où il réalise la valeur de son bois. Au fond rien ne serait changé dans l'assiette de l'impôt : l'époque de sa perception serait seule reculée. Le propriétaire paierait en une seule fois le contingent des contributions qu'il paie d'année en année. Le trésor ne perdrait que l'intérêt du retard de ce paiement, qui tournerait au profit du propriétaire.

Il est enfin des encouragements d'un ordre plus élevé dont le reboisement de la France nous paraît digne.

Les privations et les souffrances que cause la rareté du bois ne permettent pas de considérer la création d'une grande étendue de forêts comme une spéculation ordinaire dont l'appât d'un bénéfice considérable serait l'unique objet. Elle doit être considérée surtout comme une œuvre patriotique, et comme un immense service rendu au pays. A ces titres les émules des Duhamel qui se feront remarquer par leur zèle, par leur persévérance et leur succès mériteront la haute bienveillance du gouvernement, et quelques-unes des distinctions honorifiques qu'il dispense avec largesse en faveur de services plus éclatants sans doute, mais moins essentiels peut-être que ceux de nos modestes agriculteurs.

Il est juste, il est bien de récompenser les hommes qui commandent aux légions préposées à la défense du pays et des lois; mais il est également juste de récompenser ceux qui dirigent des légions de cultivateurs, et commandent, pour ainsi dire, à la nature toutes les

productions nécessaires au bien-être et à la prospérité
d'une grande nation.

Jusque là, Messieurs, nous n'avons appelé votre
attention que sur les mesures légales qui nous ont paru
les plus propres à favoriser le reboisement de la France.
Pour répondre à la deuxième question ministérielle il
nous reste à vous entretenir de celles qui contribueront
le plus efficacement à assurer la conservation des bois
contre les abus du maraudage et les dévastations que les
animaux domestiques leur font éprouver.

Ces mesures ne consistent pas à armer l'administration
et la propriété forestière d'une répression plus sévère
que celle dont les lois en vigueur punissent les délits du
maraudage. Ces lois suffisent à tous les besoins. Ce qui
manque à l'administration c'est le moyen de constater
les délits, et d'en découvrir les auteurs; et, sans cette
constatation, il n'y a pas de répression possible.

Dans les communes riches et peuplées, de même
que dans la grande propriété où l'on a créé des gardes
champêtres, les délits forestiers sont rares, parce que
les bois y sont l'objet d'une surveillance active qui en
impose aux maraudeurs. En proposant de confier le
reboisement soit à l'état, soit à des compagnies puis-
santes, nous avons résolu, en ce qui les concerne, la
question du maraudage. L'état et les compagnies auront
les ressources nécessaires pour faire surveiller efficacement les bois qui auront été créés par leurs soins.

Mais, dans les communes pauvres, où le défaut de
surveillance et l'impunité encouragent la coupable
industrie des maraudeurs, comment organiser le service
d'un garde, alors que, pour le rétribuer convenable-

ment, la commune serait obligée de s'imposer une charge qui serait peut-être plus grande que ne le sont les dégâts qu'elle aurait intérêt à réprimer? Là est la difficulté. Pour la résoudre on a proposé l'embrigadement cantonnal des gardes des communes. Cet embrigadement serait assurément fort utile : il permettrait de donner une meilleure direction à la police des champs; il la rendrait plus énergique et plus efficace; mais ce projet, tel qu'il a été présenté, suppose que toutes les communes ont des gardes champêtres, et il en est qui n'en ont point, et qui n'en auront jamais à défaut de ressources suffisantes. Il est beaucoup de communes en effet où le produit d'un centime additionnel sur les quatre contributions directes ne s'élève pas à plus de 20 ou 25 fr., où, pour assurer à un garde un traitement convenable, il faudrait augmenter d'un cinquième ou d'un quart le principal de toutes les contributions de la commune, ce qui serait hors de proportion avec les services du garde champêtre.

Cette difficulté n'est pas insurmontable : le régime de l'embrigadement, tout aussi nécessaire et aussi utile que celui de la gendarmerie, va lui-même en fournir la solution. Ce régime n'exige pas, comme on l'a cru, que chaque commune ait son garde particulier. La division administrative de la France par communes n'a aucun rapport avec la richesse, la population et la superficie du territoire de chacune. En imposant un garde à chaque commune, les unes auraient une bonne police rurale, et les autres n'en auraient qu'une fort mauvaise. Il est tel canton où un garde suffira d'autant mieux à la surveillance de deux ou trois communes que l'action conbinée des gardes de la brigade permettra de constater avec plus de facilité les délits de maraudage qui lui seront signalés, et d'en découvrir les auteurs, que ne le peut faire un seul garde dont la surveillance est toujours facile à mettre en défaut. Au lieu d'exiger l'augmentation du nombre des gardes champêtres, l'embrigadement permettra de le diminuer dans beaucoup de localités, et réunira ainssi une grande économie à l'avantage d'un meilleur service.

L'organisation de la police rurale par commune, étant remplacée par des brigades cantonnales d'une force proportionnée aux besoins du service, rentrerait nécessairement dans les attributions de l'administration supérieure, et dès lors il serait juste de dégrever les communes de la dépense de ce service, et de le rétribuer au moyen d'un fonds commun qui serait créé d'abord par le produit des centimes que la loi y affecterait sur les budgets de l'état, et ensuite par le produit des amendes qui proviendraient des condamnations auxquelles les délits ruraux et forestiers donneraient lieu.

Les avantages que présente ce système de police rurale sont si évidents, et les objections qui lui seraient opposées semblent si peu fondées, que ce serait abuser de vos moments de s'arrêter à les discuter.

Telles sont, Messieurs, les mesures dont l'ensemble nous a paru le plus favorable au reboisement et à la conservation des bois de la France.

En rétablissant une meilleure proportion entre les différentes natures de culture du territoire elles ne leur enlèvent qu'une portion des terrains abandonnés à l'abroutissement des troupeaux; elles ménagent au domaine rural tous les champs dont il dispose; elles ne l'assujettissent à aucune nouvelle entrave, et, par la création d'une plus grande étendue de bois, elles per—

mettent de l'affranchir des obligations qui lui sont imposées par l'article 219 du Code forestier de 1827 (1).

Fondées sur trois grands principes, qui se fortifient l'un par l'autre, et se prêtent un mutuel appui, elles facilitent, au moyen de l'expropriation, l'agglomération des terrains, la réunion des intérêts, et la constitution des sociétés forestières, dont le principe de l'indivision perpétue la durée, en même temps qu'il préserve les bois de toutes les chances de destruction auxquelles leur partage successif les expose.

Si elles proclament l'utilité publique du reboisement, qu'on ne pourrait méconnaître sans méconnaître aussi les besoins urgents qui le rendent nécessaire; si elles consacrent la faculté de l'expropriation, que le législateur ne peut refuser sans compromettre la prospérité du pays dans l'une de ses sources les plus fécondes, elles concilient cette faculté avec le respect de la propriété en laissant au propriétaire le soin de la boiser lorsqu'il est en position de le faire, et en lui réservant, après l'avoir fait exproprier, sa participation aux bénéfices du reboisement aussitôt qu'il se trouve en mesure de les apprécier.

(1) Cet article est ainsi conçu :

« Pendant vingt ans à la date de la promulgation de la présente loi aucun particulier ne pourra arracher ni défricher ses bois qu'après en avoir fait préalablement la déclaration à la sous-préfecture au moins six mois d'avance, durant lesquels l'administration pourra faire signifier au propriétaire son opposition au défrichement. Dans les six mois à dater de cette signification il sera statué à cette opposition par le préfet, sauf le recours au ministre des finances. Si, dans les six mois après la signification de l'opposition, la décision du ministre n'a pas été rendue, et signifiée au propriétaire du bois, le défrichement pourra être effectué. »

Avec le concours et la libre association de la proprié-té, des capitaux des particuliers et de l'état, elles assu-rent aux travaux du reboisement toute l'activité que la disette des bois oblige de leur donner; elles dégrèvent le trésor de ce que ces travaux auraient d'onéreux pour lui; et, bien qu'elles réduisent sa part contributive dans la dépense à une simple avance de fonds, elles four-nissent encore à l'état le moyen de rentrer en posses-sion d'une étendue de forêts plus grande que celle dont il s'est dépouillé dans des circonstances malheureuses.

Par la combinaison des principes de l'indivision et de l'association elles constituent de grandes propriétés forestières dans l'intérêt du pays, non moins bien représenté par un nombre indéfini d'actionnaires que par quelques rares propriétaires favorisés de la fortune.

Par la mobilisation et la circulation des actions de jouissance elles procurent enfin à l'agriculture un crédit immense, mais plus que jamais devenu néces-saire à ses progrès.

Là se résument les propositions principales que nous avons cru devoir vous soumettre sur un sujet auquel se rattache l'un des plus grands intérêts d'ave-nir de notre pays. Vous ne les jugerez pas sous l'in-fluence des préjugés et des préventions que la hardiesse de leur ensemble ne manquera pas de soulever. Vous les jugerez avec maturité, selon leur efficacité et l'impérieuse nécessité qui oblige d'y recourir. Vous vous rappellerez les causes et les effets désastreux du déboi-sement, les souffrances que l'insuffisance des bois fait éprouver à des populations nombreuses, et les tributs considérables qu'elle nous oblige de payer à l'étranger.

Vous n'oublierez pas que, pour élever la production du bois au niveau des besoins d'une consommation qui s'accroît chaque année, il s'agit d'augmenter la consistance des forêts d'un million sept à huit cent mille hectares, et qu'il ne faut pas moins d'un demi-siècle pour accomplir cette tâche.

Vous reporterez ensuite vos pensées sur l'heureuse influence que de nouveaux ombrages auront pour le climat de la France; sur les obstacles que le reboisement particulier des terrains en pente opposera aux ravages des torrents et des inondations; sur le bien-être qu'une plus grande abondance de bois procurera à de pauvres familles; sur les nouveaux éléments de puissance qu'y trouveront le commerce, la marine, l'industrie, l'agriculture; et, comparant la grandeur des résultats avec la modicité des sacrifices qui doivent en assurer le bienfait, vous prononcerez sur le mérite de nos propositions.

Que si, dans l'entraînement de nos convictions, et sous l'influence des préoccupations qu'elles nous causent, nous nous sommes fait illusion sur les mesures qu'elles nous ont inspirées, vous n'en accueillerez pas moins notre travail avec la bienveillante indulgence à laquelle vous nous avez depuis si long-temps accoutumé; et, si nous sommes assez heureux pour qu'il vous suggère des idées pratiques qui aillent plus directement au but, et qui sympathisent mieux avec l'opinion publique, nous nous féliciterons encore de vous avoir fourni l'occasion de les manifester, et d'avoir ainsi concouru indirectement à l'importante solution législative de la grande question du reboisement.

EXTRAIT

Du Procès-verbal de la séance du 18 avril 1845.

M. Boudet aîné, rapporteur de la commission chargée d'examiner le mémoire de M. Alluaud sur le reboisement, a la parole :

MESSIEURS,

Dans la première semaine du mois d'août 1843 M. le préfet adressa à la Société un exemplaire de la circulaire de M. le ministre de l'agriculture relative aux questions du reboisement.

En lui faisant cette communication M. le préfet témoignait l'intérêt qu'il attachait à avoir l'avis de la Société sur cette grande question, et à l'obtenir avant l'ouverture de la session du conseil général.

Cette communication fut réfléchie à votre section d'agriculture. Le secrétaire général de la Société, M. Alluaud, membre aussi du conseil général, avait été depuis long-temps conduit, par sa position de manufacturier et de grand consommateur de combustible, à porter son attention sur la disette toujours croissante des bois et sur l'élévation progressive des prix.

Il exposa ses vues dans un mémoire déjà très-développé sur

les moyens d'arrêter le déboisement, et de rendre à notre sol forestier une étendue proportionnée aux besoins du pays.

Le temps pressait et ne souffrait aucun ajournement. La section d'agriculture, jugeant que ce mémoire renfermait d'utiles documents et des vues qui méritaient d'être prises en sérieuse considération, en fit directement l'envoi à M. le préfet en réponse à sa lettre, et avant qu'il eût été possible de donner connaissance de ce travail à la Société.

Une commission du conseil général, dont j'avais l'honneur de faire partie, fut chargée de présenter un rapport sur la question du reboisement, et particulièrement sur ce mémoire.

Rendant hommage en général à la sagesse des vues de l'auteur, la commission adopta à l'unanimité les moyens d'encouragement proposés pour exciter au reboisement ; mais un respect du droit de propriété porté jusqu'au scrupule amena la majorité à éloigner la proposition d'expropriation pour cause d'utilité publique, sur laquelle reposait en majeure partie l'économie du système, bien qu'elle ne fût point absolue, mais temporaire et conditionnelle.

Le rapport ne put être présenté qu'à une heure avancée de la dernière séance, au moment où la session allait se clorre. Il était impossible d'ouvrir une discussion sérieuse et de délibérer avec maturité sur un objet de cette importance. Le conseil général l'ajourna à la session prochaine, sur la demande même de l'auteur ; ce fut sagesse, Messieurs : il est des préjugés qu'il ne faut pas heurter, sur lesquels il faut laisser agir le temps et la raison publique, des vérités qui ont besoin de mûrir pour être admises.

Notre collègue ne se laissa point décourager par l'opposition qu'il avait rencontrée, sur ce point, dans la majorité de la commission. Fort des convictions dont l'étude de la législation et des faits, dont la réflexion avait pénétré son esprit, il comprit que, si la commission avait reculé devant une mesure qu'elle regardait comme exorbitante, avait cédé à la crainte que cette faculté d'expropriation ne devînt abusive, et qu'une extension démesurée et irréfléchie du reboisement ne bouleversât l'économie de l'exploitation du domaine rural, et n'attentât ainsi aux droits sacrés de la propriété, c'est qu'il n'avait pas suffisamment développé et motivé sa proposition, démontré la nécessité de recourir à ce moyen, tracé enfin la limite qu'il convenait de donner aux travaux du reboisement.

Voulant remplir ces lacunes, notre collègue se remit à l'œuvre, rédigea le nouveau mémoire qu'il vous a communiqué à vos séances des mois de mai, juin et juillet de 1844, et sur lequel je viens de nouveau appeler votre attention au nom de la commission que vous avez chargée (1) de vous en faire un rapport.....

Après une analyse raisonnée et critique des diverses parties du mémoire, M. le rapporteur poursuit ainsi :

Le tableau saisissant et plein de vérité que M. Alluaud a tracé du déboisement de la France, de ses causes, de ses effets, et des inquiétudes qu'il doit inspirer pour l'avenir du pays en présence d'une consommation toujours croissante, justifie la sollicitude du gouvernement, et la nécessité de recourir à l'intervention législative pour arrêter les pertes qu'éprouve le sol forestier, et tâcher de les réparer.

Les appréciations de M. Alluaud sur l'insuffisance de nos ressources forestières sont loin d'être exagérées.

D'après la Statistique agricole de 1842, il calcule les besoins sur une population de 33 millions (et des documents officiels plus récents la portent à plus de 34 millions); il calcule nos ressources forestières sur le pied de 8,699,000 h., mais il ne tient pas compte de la portion du sol forestier

(1) Cette commission était composée de MM. Bourdeau, pair de France ; Fournier, conseiller ; Thibaut, docteur-médecin, membre du conseil d'arrondissement ; Juge-Saint-Martin, vice-président de la Société, et Boudet aîné, membre du conseil général.

déboisé, ni des nombreuses clairières qui existent dans les forêts les mieux garnies, et que de savants économistes portent cependant à un million d'hectares environ ; son argumentation en faveur du reboisement acquiert une nouvelle force de ces considérations.

Les conséquences qu'il tire aussi de la grande quantité de combustible dont nous payons tribut à l'étranger ne sont pas déduites d'un fait passager, et qui mérite peu d'être pris en considération : c'est une importation permanente. La France a importé, en 1842, pour 45 millions de bois et pour 23 millions de houille. En 1843 l'importation a suivi à peu près la même proportion, qui ne peut que s'accroître, à moins que l'industrie ne s'arrète, et avec elle, la prospérité du pays.

La France a le plus grand intérêt à s'affranchir de cette dépendance et de ce tribut, et à se mettre en mesure de pourvoir elle-même à ses propres besoins. Elle ne doit pas rester exposée à l'éventualité d'un cas de guerre, ni à faire défaut aux besoins de la population et de l'industrie au milieu de la prospérité qui suit l'état de paix.

Il résulte des calculs de M. Alluaud, et d'appréciations exactes fondées sur les meilleurs documents, qu'il serait nécessaire, pour que la France pût se suffire à elle-même, de reboiser 1 million 7 à 800 mille hectares à prendre sur les terrains en pente, landes et bruyères.

Les mesures qu'il propose pour arriver à ce résultat forment un système complet fortement motivé, où tout se lie, s'enchaîne, et concourt directement au but. Il repose particulièrement, comme nous venons de le voir, sur ces quatre points :

1º Indivision de la propriété forestière ;

2º Agglomération des terrains qu'il sera jugé nécessaire de reboiser : c'est la conséquence du principe de l'indivision ;

3º Classement du reboisement au nombre des entreprises d'utilité publique auxquelles est attribué le droit d'expropriation ;

4° Recours au principe fécond de l'association par le concours des propriétaires, des capitalistes et de l'état.

Ce système, appuyé de motifs puissants, est développé, discuté avec autant d'habileté que de conviction par l'auteur, qui réussit à faire partager sa conviction.

Toutes les difficultés sont recherchées, hardiment abordées, examinées scrupuleusement, et presque toujours heureusement levées, tous les intérêts ménagés avec soin, soit qu'ils regardent la conservation des troupeaux, soit qu'ils touchent aux besoins de la petite propriété.

A l'égard de l'indivision, aux considérations que M. Alluaud présente pour la motiver il est bon d'ajouter cette modification : c'est que, au lieu de demander l'indivision dans un sens absolu qui ne souffre point de restriction, votre commission et, avec elle, M. Alluaud reconnaissent que, en resserrant l'application de ce principe dans de justes limites, il trouvera plus de sympathies dans l'opinion publique, et n'en atteindra pas moins le but. Si l'indivision d'une forêt de 1,000 hectares suffit en effet à sa parfaite conservation, une forêt de plusieurs milliers peut supporter plusieurs partages sans inconvénient.

Ce principe de l'indivision a déjà reçu son approbation à l'égard des forêts appartenantes aux communes ou à des sections de communes. Le mode de régime de ces forêts indivises est réglé par un chapitre du Code forestier de 1827.

M. Alluaud a sagement combiné le concours de tous les efforts pour hâter l'exécution du reboisement, et appelé à l'aide du trésor le moyen puissant de l'association. Ce n'est qu'avec ce principe qu'on peut arriver, en France, à faire de grandes choses; nous le retrouvons dans l'exécution de toutes les grandes entreprises : canaux, chemins de fer, etc. Son application au reboisement de la France ne doit pas avoir moins de succès. M. Alluaud y voit une grande source de richesses et de crédit pour l'agriculture.

Les vues qu'il présente sur l'organisation des sociétés

forestières méritent aussi d'être prises en considération.

La commission ne s'est pas dissimulé la gravité des mesures que propose l'auteur : on peut différer avec lui sur quelques moyens d'exécution ; mais, la nécessité du reboisement de la France une fois admise, nécessité démontrée dans le mémoire avec une grande force de logique, on est forcé de convenir qu'il est difficile d'en trouver de plus efficaces : votre commission l'a reconnu après un mûr examen. Ce travail fait honneur à M. Alluaud. Toutes les questions qui se rattachent au reboisement de la France y sont traitées à fond avec conscience et courage. Tout est prévu, discuté, résolu. Ce mémoire peut jeter une vive lumière sur cette importante question, à laquelle le gouvernement attache avec raison un si grand intérêt ; il mérite d'être recommandé, et vous offre, Messieurs, un moyen de répondre dignement à l'appel qui vous a été fait. M. Alluaud ne donne pas son projet comme parfait, comme ce qu'il y a de mieux ; il paie son tribut, il ouvre la voie, et fait œuvre de bon citoyen.

Que si son exemple, attirant l'attention sur ce grand objet d'intérêt général, inspire à d'autres des idées pratiques qui aillent plus directement au but, il les appelle de tous ses vœux.

La commission à l'unanimité a jugé que ce travail consciencieux, rempli de grandes vues, appuyées sur des faits nombreux, est digne de vos suffrages et de votre recommandation. Elle conclut à ce que la Société en ordonne l'impression et l'envoi à M. le préfet de la Haute-Vienne et à M. le ministre de l'agriculture.

La Société adopte complétement les conclusions de la commission.

www.ingramcontent.com/pod-product-compliance
Lightning Source LLC
LaVergne TN
LVHW021453170726
843501LV00005B/1636